一本关于青春，关于爱情，关于苦难，还有不断启程的故事。

不论遇到过多少悲痛的事情，我们都要坚定内心的力量，勇气满满地成就幸福的人生。

　　人生的圆满不是庸碌无为或平静乏味的幸福，经过磨难洗涤的人生才会更加完美。

重塑内心，战胜残酷的现实，触摸幸福的脉络，成为希望的证人。

另一种方式归来
所有的失去终将以

因为有伤，更懂坚强

华智 编著

中国言实出版社

图书在版编目（CIP）数据

因为有伤，更懂坚强 / 华智编著 . — 北京 : 中国
言实出版社 , 2013.12

　　ISBN 978-7-5171-0274-8

　　Ⅰ . ①因… Ⅱ . ①华… Ⅲ . ①成功心理—通俗读物

Ⅳ . ① B848.4-49

　　中国版本图书馆 CIP 数据核字（2013）第 284932 号

责任编辑 : 王蕙子　朱　鸿

出版发行　　**中国言实出版社**

　　地　　址 : 北京市朝阳区北苑路 180 号加利大厦 5 号楼 105 室

　　邮　　编 : 100101

　　电　　话 : 64966714（发行部）51147960（邮　购）

　　　　　　　64924853（总编室）64924745（四编部）

　　网　　址 : www.zgyscbs.cn

　　E-mail : zgyscbs@263.net

经　　销　新华书店

印　　刷　三河市天润建兴印务有限公司

版　　次　2014 年 1 月第 1 版　2017 年 1 月第 2 次印刷

规　　格　710 毫米 ×1000 毫米　　1/16　　17 印张

字　　数　225 千字

定　　价　29.80 元　　ISBN 978-7-5171-0274-8

不经历，怎会懂得：
没走的是路，走过的是人生

人生不可能风平浪静，在这条路上我们不可避免地会遇到各种各样的困境，遭遇各种意想不到的挫折和难题，没有人能例外，只是遇到的坎坷和曲折的程度大小不同而已。

我没有能力去评论别人的人生，每个人都在寻找属于自己的幸福。在这条路上，我也曾迷茫过，也曾心伤过，经历过大大小小的挫折和逆境，鲜血淋漓，有过彻骨的痛苦和记忆。所幸的是，我毅然走在前行的路上，用自己的双脚走过青春，趟过岁月或急或缓的河流，坚定地一路前行，不断经历种种，不断收获，不断向成熟靠近，仍然忠实于自己的内心，相信自己，也相信爱，相信人性的真诚与善美。

在人生这条路上，你没走的是路，只有亲身体验的才是人生。面对生命的无常、挫折和悲喜，你是否已准备好去面对，你是否有勇气穿越迷雾的森林，找到人生的出口？我们该如何去调理被苦难和挫折碾压过的身心？

世界上只有一条道路是通向人类真正伟大的境界，那就是苦难。命运总是会在我们通往成功的道路上设下种种障碍，所以，我们的人生总是免不了要遭受到很多的伤痛。而人，只有在战胜了磨难之后，才能获得新生。

学会经历苦难，你将会感激它带给你的一切。因为一帆风顺的人生是不完整的人生，它缺少了苦难，少了同苦难作斗争的经历，也就少了那笔宝贵的财富。

我们的人生，只有在接受了苦难、利用苦难之后，才能从苦难的胆汁中萃取人生的大智慧，才能在苦难的熔炉中锻造出不屈的精神！因为只有苦难才可以让我们学会心平气和，不急不怒；只有在苦难的考验下，我们才能仔细分析所处的境遇，才能理清思路，顺利地渡过难关；只有苦难才可以让我们戒骄戒躁，看清鲜花丛中还夹杂着荆棘。当我们走过了这些苦难，阅尽了世事，我们就会醒悟：即使我们的人生并不圆满，但是，我们仍然可以在苦难中获得快乐。

苦难并不可怕，只要你心中还有成功的信念，只要你还有坚强的毅力和勇气，我们就能凭借自己的力量一次又一次地重新站立起来，并且会越来越高大、健壮。所以，我们经历苦难并不是一件坏事，相反它还是人生必经的阶段，它是一种比幸福更难得的财富。苦难是上天送给年轻人的玫瑰，它会给人带来成功和幸福，尽管这朵玫瑰会刺破我们的双手！

如何正确面对苦难，是当今社会摆在人们面前的一个重大的人生课题。本书从伤痛和苦难如何教会我们成长，教会我们坚强、隐忍，到最后教会我们慈悲、感恩、坚持和追求成功，总结了12个方面。每个方面都有属于自己的特色。书中很多贴近生活的励志小故事，可以帮助正在遭遇挫折、面临苦难的读者朋友勇敢地走出困境，并且在每一节的后面都悉心地为读者朋友提供了如何面对伤痛、挑战苦难的具体方法。

其实，苦难没有你想象的那么可怕。真诚地希望，你的生命中既充满着激情和挑战，也充满着机遇和收获。

把焦点放在你想要的未来上，而不是以消极舔舐过往的挫折、痛苦的回忆、苦难的经历。所以，我们经历苦难并不是绝对的坏事。生命中虽然没有持续的快乐，但是，快乐会在每个伤痛的尽头向我们微笑！让我们昂首去迎接苦难，用乐观向上、顽强拼搏的精神去浇灌生命之花，在悲痛中仍能看到希望和力量。

很多人以为这辈子都不会找到真爱了，其实转角可能就遇到了；有不少人以为低迷和困苦会纠缠一生，其实峰回路转，阳光还在头顶。请相信，人这一生可以重生无数次，在生命的历程中我们会不断被打倒、撕裂、抽空，却又能恢复元气，坚定地站起，勇敢地前行。

目录

第一章 成长：
伤痛对于人生就是块垫脚石，与幸福相生相伴

其实，最可怕的不是痛苦，而是没有感觉。当我们还活在这个世界上的时候，就要勇敢地面对生活带给我们的磨难，我们知道疼痛是很幸运的，因为我们还活着，而且我们要好好地享受生活赐予我们的幸福。

第二章 坚强：

苦难对于强者是一笔财富，对于弱者是万丈深渊

门列捷夫说过："平静的湖水练不出精悍的水手，安逸的环境造不出时代的伟人。"做一个坚强的人，在伤痛面前愈挫愈勇，让自己的骨骼更坚硬，肌肉更结实，内心更强大。学会承受生命中的苦难，用非凡的气度、坚强的毅力、宽阔的胸怀去承受各种伤痛的侵袭，承受生命的磨难与挫折。

第三章 隐忍：

痛苦割破了你的心，却掘出了生命的新水源

成功者之所以能成为成功者，必须要能承担起几倍于常人的压力和痛苦。在他产生强烈的改变自己生活和现状的愿望时，他才能发掘出自己最大的潜力，最终一步步走向成功。

第四章 低调：

豁达是一座舒心桥，有些事不是我们想的那样

　　诗人鲁藜曾说："把自己当作泥土吧，老是把自己当作珍珠，就时时有被埋没的痛苦。"生活中，做一个心胸宽广、豁达大度的人，多一分理解和谦让，就会减少很多不必要的麻烦和纷争，就会少走很多弯路，免受很多伤痛。心宽了，路才会宽，才能走得更远。

第五章 自信：

学会了笑对人生，也学会了走自己的路

　　在人生的路途上，我们也许正遭逢挫折与苦难，正默默地忍受着嘲笑与屈辱……这些都不重要，重要的是不轻看自己，活在自己心里，坚定信心，从内心更加看重自己。就算身处逆境，就算被苦难袭扰，也要给自己的人生做好规划，只有掌控自己的人

生，才能成就理想中最好的自己，才能驾驭自己的命运，成为苦难中真正的强者。

第六章　贫穷：

贫穷与富有的距离，只需思维的一个"转身"

"愚蠢的行动，能使人陷于贫困；投合时机的行动，却能令人致富。"挫折和伤痛不是你放弃追逐梦想的理由，也不是安守贫穷的借口，贫穷值得他人同情，但不值得自己骄傲，更不是炫耀清贫乐道的幌子。贫穷并非洪水猛兽，只要我们不被自己打倒，就会得到想要的幸福。

第七章　抗压：

人生最大的对手是我们自己，要微笑着逆风飞扬

> 困难再多，总有办法解决，如果困难是一座险拔的高山，那么你要做的首先就是有面对它的勇气。

第八章　拼搏：

没有什么命中注定，厄运是一次崭新的开始

> 苦难会让我们伤痛，会让我们迷茫，同样也可以使我们坚强，只有在苦难的打磨之下，我们才会变得愈加坚强。成功是个很艰难的过程，只有那些有勇气、有恒心、有信心的人，肯付出血汗的人，才能获得成功。

第九章　不抱怨：

有一颗平常心，悦纳生活中的不公平

> 伏尔泰曾说："让你疲惫的不是那远方的高山，而是你鞋底的沙。"当遇到巨大的打击和苦难时，要给时间一个机会。无论如何，我们总得往前走，回首来路，就会发现曾经撕心裂肺的痛，已经结了疤。终有一天，我们又能唤起以往快乐的回忆；在新的生活中不被伤害。

第十章　慈悲：

每个人都需要仁慈，改变人生从学会爱开始

> 伤痛，谁不曾经历；慈悲心，其实每个人都有。慈悲就是把别人的痛苦和自己的幸福交换，简单地可怜别人算不上慈悲。爱，疗愈内心的伤痛，温暖彼此的世界，心中有爱，生命便拥有更多温情和感动。

第十一章 感恩：
让感恩成为习惯，生命就一定会如花绽放

"生即幸运，活即机遇。"只要心不被世俗尘封，不在追逐功名的时候迷失原来的方向，生活的阳光就会穿透重重雾霭照在你微笑的脸上。

第十二章 成功：
生命从没有像处于患难时那么伟大，那么丰满

信念是成功的基石，坚强是力量的源泉，改变是理想的引擎。唤起你的勇气，走出困境，走向阳光，让生命绽放新的希望，新的活力。

第 一 章

成 长：
伤痛对于人生就是块垫脚石，与幸福相生相伴

>>>>

其实，最可怕的不是痛苦，而是没有感觉。当我们还活在这个世界上的时候，就要勇敢地面对生活带给我们的磨难，我们知道疼痛是很幸运的，因为我们还活着，而且我们要好好地享受生活赐予我们的幸福。

有伤痛的地方必然埋有幸福的种子

有人曾说："苦难和幸福是一对孪生兄弟，有苦难的地方必然埋下了幸福的种子。"这句话相当有智慧，生活本身是不存在的，只有你走过了，才会有生活，才会是人生。在这个过程中你会体味到笑的甘果，还有苦涩的泪水。

命运会将一些黯淡无光的日子撒播在你的生活中，同时也会安插一些阳光明媚的坦途在里面。你走过了艰辛，历经了苦难，它才会让你享受阳光的岁月。

每一个人都渴望过上幸福安定的生活，可是人生的旅程不可能一直风平浪静。当伤痛来袭的时候，我们应该学会用微笑去面对一切艰难险阻，用一双智慧的眼睛，去发现自己的不完美，也发现隐藏在伤痛背后的幸福的种子。只要有勇气接受自己的缺点或者弱点，就能够在苦难中慢慢长大，并且最终拥有战胜苦难的力量！只要心中有勇气、有信心，就能驱散阴霾，重获新生。

有这样一个苦难的小女孩，在她四岁的时候，不小心从炕上摔了下来，脖子陷进了胸腔里。从那以后，她的下颌被推出30度，每天只能保持仰面朝天的姿势。

上学的时候，同学们因为她的外貌而嘲笑她。她一个人偷偷地哭过。

终于坚持到了高考，并且取得了很好的成绩，可是由于身体的原因，没有一所学院录取她，她不得不选择放弃。这一次，她哭得很伤心。

回到家里，她想像正常人一样劳动，学习插秧。可是，仰面朝天的姿势让她很难找对角度把秧苗插进田里，为此她只能把腰弯了再弯，脸几乎贴到了膝盖上。这时，她又忍不住哭了。

她哭泣的样子和别人不太一样，别人哭的时候需要低下头来，用纸巾擦拭眼泪；她哭的时候仍然仰面朝天，把头扬着，手里的纸巾举得高高的。她擦拭眼泪的动作，不像拭去让人同情的忧伤，更像是轻轻挽起照在脸上的一缕缕阳光。

在以后的日子里，她学会了用电脑，学会了用文字诉说心情。在她的散文和诗歌里，到处是飘浮的云朵，到处是明亮的阳光与飞鸟掠过的痕迹。

再后来，她找到了一份工作，那份工作是为许多诗人、作家策划出版图书。经过几年的努力，她成了一位非常受欢迎的出版社编辑。当别人称赞她的成绩，将她当作一个传奇的时候，她仍然保持着仰面朝天的姿势，微笑着说："其实我非常感谢那些苦难的遭遇，感谢命运给我一颗永远不会低下的头。"

由于只能保持仰面朝天的姿势，所以在上课的时候，她不会像别的同学那样，因为抬头看黑板而觉得脖子酸痛。这让她感觉到幸福。

由于只能保持仰面朝天的姿势，所以她不能像正常人一样插秧、播种，可是正因为如此，她才看到了更辽远的天空，有了更多的想象。这也让她感觉到幸福。

由于只能保持仰面朝天的姿势，所以她觉得自己天生就是一个朗诵诗歌、书写诗歌的人。她哭泣的样子也是那样的神圣，由于只能仰面朝天，阳光照进了她的眼泪里。她把手高高地举起，再一次轻轻地拭去眼泪——不，是轻轻地挽起一缕缕阳光。

她满脸幸福地说："不能够低头，就不得不昂首；只能够保持仰面朝天的姿势，就永远不会有屈服念头！"

霍兰德有这样一句话："在最黑的土地上生长着最娇艳的花朵，那些最伟岸挺拔的树木总是在最陡峭的岩石中扎根，昂首向天。"的确，在我们的生活中，任何事物都有它的两面性，正所谓"塞翁失马，焉知非福"。也许我们不能够改变苦难本身，可是我们却可以换一个角度，去发现隐藏在伤痛背后的幸福！

磨难的本意并不是要将我们打倒，而是为了让我们站得更稳、走得更远。只有那些经过苦难洗礼的人，才能坦然接受自己的不完美，才能发现自己与众不同的闪光点。可是，在现实生活中，有很多人在面对苦难的时候，往往是自怨自艾、意志消沉。他们总觉得自己不够完美，可是又没有勇气接受自己的缺点或者弱点，于是在苦难中时常处于被动消沉的状态，更别说体会到什么幸福了。

如果你正在经受伤痛的洗礼，那么应该如何调整好自己的心态，以最好的自己去面对苦难，去发现幸福呢？

1. 学会理性地看待自己的缺点

世界上没有完美无缺的人，即使你尊敬的老师、长辈，甚至一些伟人，他们的身上也存在一定的缺点。所以当你发现自己的缺点时，不管外在的，还是心理上的，都不要太自卑，而是要理性地看待。比如，你的眼睛虽然有点小，可是却给人一种精明细腻的感觉。

2. 不必太在意别人的看法

生活中，有很多人之所以不接受自己的缺点，更多的是因为太在意他人的看法，比如，别人说你胖死了，如果你在意他的看法，就会感觉自卑，就可能会为别人的一个眼神、一种语调而紧张、自责或苦恼；反之如果你不太在意他人的看法，就不会有这种自卑感。所以，要想让自己不自卑，要想让自己的内心强大起来，就不要在意他人的看法，自己觉得无所谓就可以了。

3. 改变刻板的思维方式

在痛苦的时候，有人之所以会产生沮丧、自卑的情绪，其实并非自己本身或者是遇到的这件事太糟糕，而是因为我们对这件事情的理解和态度存在着一定的心理问题。也就是说，苦难带给你伤痛，让你的生活不再完美，这些只是你与他人之间的差异罢了，你一定要改变这些不必要的思维方式，有一个正确的心态才能走出伤痛的阴影。

4. 接受自己的不完美

不完美的才是人生，不管你如何看待生命中的不完美，它们都是真真实实存在的，并不能因为你的痛苦或难以接受而有任何的改变。所以，我们只有正视自己，坦然接受自己的缺点，才能让自己接受现实。我们要明白，一个人的价值并不完全取决于其身高、容貌、权势，而是取决于他的内心是否强大。只有那些乐于接受自己的不完美的人，才能够在苦难中体会到幸福，并且坚定自己的信念、信心满满地走下去。

幸福和伤痛是一对孪生兄弟，有伤痛的地方必然埋下了幸福的种子。在我们生命开始的那一刻，就注定了我们一辈子所遇上的幸福和痛苦是同在的，假如我们总想着痛苦，我们就无法去体会幸福的滋味。人这一辈子，总是会遇到许许多多痛苦的事情，关键是要看你如何去面对它，只有正确面对痛苦，幸福才会来临！

吃了苦头，才能更懂甜的滋味

不经历风雨怎能见彩虹，不经历痛苦，又怎能体会到快乐？

曾经有一首歌曲《阳光总在风雨后》，鼓励了很多困境中的人，就像歌词中写的那样，"阳光总在风雨后，乌云上有晴空"，是的，风雨过后的阳光总是格外灿烂，经历困难后胜利的果实会格外甜美。海伦·凯勒曾说过这样一句话："在无比丰富的生命体验过程中，如果一帆风顺，那我们将失去一些发自内心深处的无上喜悦。只有穿越黑暗幽深的山谷，到达山顶的时候才会欣喜若狂。"一个人顺着开凿好的山路，登上两百米的山顶，眺望远处时，他感受到的是喜悦，而一个人开拓未知的道路，攀上珠穆朗玛峰时，他体会到的是漫步云端的畅快淋漓，谁到达顶峰的道路最曲折，付出艰辛最多，他所收获的也最多！

小杨有一份让人羡慕的工作，工作轻松，休假也多。可小杨每天都干得无精打采。

有一天，爸爸对他说："既然你上班时找不到快乐，那就到我这里来试试吧！"于是，在一个周末，小杨被爸爸带到建筑工地，在烈日炎炎下搬水泥、抬钢筋。一天下来，小杨筋疲力尽，累得骨头都散架了。

第二天，他回到自己的办公室，坐在舒适的软椅上，吹着空调，喝着咖啡，心情特别愉悦，工作劲头十足。

倘若小杨不是经历了在建筑工地上工作的辛苦，他一定还在自己舒适的办公室里，因为和同事之间的配合不顺畅而闷闷不乐，因为新来的主管不够赏识自己忧心忡忡……正是吃了苦，才明白了生活中的甜，发现自己原以为平淡乏味的生活其实很值得珍惜。

不久前看到一则新闻报道：一些城里学校与山村学校开展"走进山村"的联谊活动，让城里的孩子去大山里过暑假。这些"小公主""小皇帝"在城市里养尊处优，每天衣来伸手，饭来张口，却从来不觉得自己是生活在蜜罐里，还整天抱怨这个埋怨那个。到了山区，感受了山村的艰苦环境，过了十几天像山里的孩子一样每天走几十里山路才到学校，在破旧的土坯房里学习，吃咸菜馒头的日子，再回到城市里时，他们不挑食了，变得尊重长辈，也懂得珍惜现在拥有的良好的学习条件。这不正是体验了物质条件艰难和贫乏的"苦"才深切地体会到了生活舒适和优越的"甜"吗？

其实，"苦"与"甜"是相对的，只是经历了苦的人会更深切地感受"甜"。肚子饿的时候，没有填饱肚子的食物是"苦"，可如果摆一碗热气腾腾的肉丝面在你面前，这就是"甜"了；下班累了，搭上回家的公交，没有座位还碰上小偷划破新买的皮包是"苦"，坐到靠窗户的座位迎面的清风拂去了一天的疲惫是"甜"；哭得伤心时，走路撞到电线杆是"苦"，身边有人贴心地递上纸巾是"甜"……

明白了这个道理，我们对苦难就可以更加淡然了。被困苦包围的时候，展望前方，那里有绚丽的彩虹，明媚的阳光等待着你，现在吃苦，是为了以后尝甜，只要能克服眼前的困难，迎接自己的将是美好的生活；被甜蜜围绕的时候，回首过去，曾经经历过多少的辛苦和磨难才换来今天的幸福，对待得之不易的幸福，更要懂得珍惜。

懂得风雨过后的阳光最灿烂的人，会把最大的热情投入到有限的生活中去，用平和的心态面对每天的得与失，在品尝苦涩的失败之果时能面带微笑，用坚强的毅力和坚韧不拔的努力，换取最后的成功！

　　摘取成功的硕果后，保持心中的淡定，不因为一次的成功而在拼搏的道路上止步，胜利只是促进他们更奋勇前进的动力，那些常人看来不堪回首的经历，是他们人生道路上的一笔宝贵财富，因为这笔财富，让他们学会了善意、理解和包容。当看到与自己的经历相仿的人需要帮助时，他们会毫不犹豫地伸出援助之手；他们学会了珍惜和感恩，因为没有曾经的磨难，今天所尝到的甜又将是何等的寡淡无味。

　　经历过的人，更懂得感恩，懂得感谢那些让他们尝到比幸福更可贵的苦难。

　　经历过的人，更懂得欣赏，懂得在经历风雨后欣赏温暖的阳光里别具一格的斑斓。

唯有面对，才能体验人生精彩

人活着最大的乐趣，就在于生活给予我们的多元化。一个懂得品味人生的人，会把眼前的一切当成最美丽的风景，不管它是狂风骤雨还是艳阳高照。如果我们总是担心被大雨淋湿或是害怕皮肤被晒黑，那么这些景致，你根本就无法领略。

有一对夫妻一直渴望有一个孩子，这个愿望他们等了十年才实现。儿子出生后，就是夫妇的手中宝心头肉，他们无微不至地照顾这个孩子，甚至连走路的方式都一而再再而三地对他强调："我的儿啊！走在木板上的时候一定要记得看着地上啊！木板最容易让人滑倒。"乖巧的儿子遵从了父母的教导，只要走在木地板上就会低着头，紧盯着脚下。

有一天，他们去爬山，父亲又教育孩子："山路坎坷，不管是上山还是下坡，都要看着脚下，不然一不小心，就会扭伤脚的。"孩子谨记父亲的提醒，爬山的时候全神贯注地看着自己的脚下。

后来，他们去海边旅行，母亲又赶忙叮嘱他："孩子，走在沙滩上，千万要小心看着脚下，因为海浪会随时出现，打湿你的全身，甚至把你卷进海里。"儿子牢记母亲的话，在海边玩耍时，随时看着脚下。

听话的儿子从来没有跌倒或者碰伤过。可是，就是因为他总把头低着，让他就算登上山顶，也错过了"一览众山小"的美景；即使来到海边，也因为不愿抬头而无法欣赏大海的波澜壮阔……因为他不管走到哪里，都时刻牢牢记着父母的话，"低着头"走完了一生。

直到临死前，他仍然不知道天空是变幻无穷的，有晴空万里白云朵朵，有乌云密布电闪雷鸣，有星月交辉繁星点点。他不知道，自己曾经走过的每一个地方，风景是多么的美丽。

人的一生中有许许多多值得去尝试的事情，如果你也像故事中的父母一样，总担心摔跤，害怕受到伤害，你将错过很多精彩的体验。如此的人生就像是一张白纸，虽然经历几十年，但白纸依然还是白纸，没有任何的涂抹和痕迹，这样的人生，必定索然无味。

诚然，不去行动，的确可以让我们避免经历很多困难和痛苦，但我们不能因为可能面对的失败和痛苦，就裹足不前。我们不能因为害怕被炒菜溅起的油烫伤就不去厨房；不能因为害怕失恋带来的痛苦而放弃恋爱；不能因为不敢接受面试考官对你的提问和考核而不去寻找适合自己的工作。如果这样，我们确实会避免一些痛苦，可同时丧失的将会更多。

旅行和人生有很多相似的地方。在旅行中，旅行者喜欢去寻找一些险峻的山、未开发的林或者没有人烟的岛，虽然在途中会有很多的艰难险阻，只要我们有勇气克服，就会发现眼前有非同寻常的佳境并且获得挑战的乐趣。人生中有胆量尝试困难，敢于冒险的人，会过着与别人不一样的有内涵、有意义的生活。

经历过苦难的人，他比一般人更豁达，眼光更远大，做起事情来更得心应手。经历过苦难的人，更像是黄山的迎客松，会更自由地吮吸大自然的阳光雨露，会在风吹雨打的考验下长得更加强壮。

有苦有乐，才叫人生

　　有一段时间里，这样一道心理测试题非常流行：在生与死的中间加入两个字，你会加哪两个字？生，不由得让人想起呱呱坠地时的"出生"；死，让人想到一个人的人生路程走向尽头。人生不长不短的几十年里，如果仅仅用两个字来概括，是很有难度的。人们给出的答案各不相同。有的人说，这两个字是吃和睡。毫无疑问，给出这个答案的人心宽体胖；有的人说，是痛和伤，这样的人一定是悲观的；最精彩的答案莫过于"苦"和"甜"两个字，这两个字将人生经历的几乎所有事情都进行了分类整理。

　　人生总有苦乐两面，不管是苦还是乐，我们都应该用心去体验，并且想办法去平衡这两个方面。太痛苦了，总会让人难以承担重负，就要去寻找人生的乐趣；太快乐了，总会乐极生悲，也应该提醒自己别得意忘形。很多学者是这样比喻人生的："人生就是含泪的微笑"，的确，人活着，有苦就有乐，也许，当你苦的时候，乐就跟着来了；而当你乐的时候，苦也会跟随。所以，我们活着，就是要学会"苦中作乐"，让我们在快乐与痛苦之中，尽情地体验生命的精彩和美妙，并且最好是在痛苦和快乐中调出滋味，过一种苦乐两相宜的生活。

　　人最怕的不是痛苦，而是没有感觉。崔健在歌里唱道："因为我的病就是没有感觉……快让我哭，快让我笑，快让我在这雪地上撒点儿野。"《钢铁是怎样炼成的》中保尔·柯察金说："人最宝贵的是生命，生命属于每个人只有一次。"当我们还活在这个世界上的时候，就要勇敢地面对生活带给我们的磨难，我们知道疼痛是很幸运的，因为我们还活着，而且我们要好好地享受生活赐予我们的幸福。只有这样，我们才算是真正懂得人生的人。

　　有位摄影师去沙漠采风，和一群"驴友"出发前本来做了充足的准备，但是半路上意外还是发生了。一觉醒来后，他发现自己跟团队走散了，更糟糕的是，除了挂在脖子上拍照用的一架相机，他的身边没有任何水、食物以及在沙漠探险需要的装备。这个人顶着大太阳在沙漠里走了整整一天，黑夜就要来临了，可是他还没有找到水源和露宿的合适地点。此时，因为一整天没有进食，他的体力已经有些不支了。

　　就在这时，他发现自己身后不知道什么时候多了一个伙伴，但是这个伙伴却并不让人那么喜欢，因为它是一只狼，远远地跟着自己，绿莹莹的眼睛里透着寒光。掉队的旅行者几乎可以想到狼的心中打的如意算盘：跟着他，等着他被拖垮，然后吃掉他。

　　摄像师又累又怕，他绞尽脑汁想对策。如果停下了，必定会被狼吃掉，如果往前走天黑之前肯定找不到水源和食物。旅行者非常绝望，当他环顾左右时，他看到了快要沉下去的太阳用最后的光芒点亮了整个天空。于是他举起手中的相机，调好焦距，对着这幅奇景拍下了他最后的一张照片。

　　看完这个故事，我们不禁要为这位摄影师的乐观喝彩。在生命的尽头，他还有如此坚持的勇气，把注意力放在对大自然美景的欣赏上！在生命的进程中，当痛苦、不幸和危难出现在你面前的时候，你是否也有心情去欣赏沿途的这些风景？这个故事告诉我们：人生中虽然无法避免痛苦，但"苦中作乐"的权利谁也无法剥夺。

　　苦乐掺杂的人生中，我们如何拥有乐观的心境呢？

1. 以乐观的心态去对待

生活中难免会遇到这样那样的不如意，逃不开也躲不掉，所以只有让我们的心态达到很好的状态下，才能很好地面对。普希金在一首诗《假如生活欺骗了你》中写道："假如生活欺骗了你／不要烦恼，不要心急／忧郁的日子里须要镇静／相信吧，快乐的日子将会来临……"既然我们每个人都不知道生活下一步会给我们出什么难题，我们还去想那么多干什么呢？我们只有学会在困难面前歌唱和欢笑，不去苛责人情冷暖、世态炎凉，也不去抱怨命运多舛、天意弄人。关键要调整自己的心态，用心去发现生活中的美和善。

2. "苦中作乐"，永远不丧失生活的希望

从另一个角度来说，我们也要学会承担痛苦。一个人来到人世间，如果没有理想，没有追求，只是为了享受，这样的人生还有什么意义可言呢？如果我们承受不了痛苦，那么肯定享受不到生活赐予我们最终的幸福，甚至还有可能会变成好逸恶劳的寄生虫。

3. 学会在快乐时不得意忘形

我们最好是以"塞翁失马"的心态来面对那些天上掉下来的馅饼，并且，在强烈的喜悦面前要保持理智，不被胜利冲昏头脑。古人云："物极必反。"过度的喜悦会让人马虎粗心，造成不必要的疏忽，点燃困难的导火索。

我们要知道，有痛苦的地方肯定就有快乐，当然，有快乐的地方肯定就有痛苦，痛苦和快乐始终都是相依相偎的。所以，既然我们无从躲避这些痛苦，那我们就只有勇敢接受现实，并且去挑战它，这样我们才能努力去创造幸福，才能实现生命中的完美。

悦纳上帝的磨练，战胜苦难

毛毛虫在密密实实的茧中挣扎，透过昏暗的光线想看到外面的大千世界，可缝隙小到连空气几乎都流不进去，它们只有一根一根咬断自己吐出的丝，在疼痛和漫长的煎熬中等待美丽的蜕变。但正是这个不断战胜自己的过程，才使得毛毛虫变成美丽的蝴蝶，拥有神奇的翅膀。

成长的过程跟毛毛虫幻化成蝶的经历何其相似。受了委屈黯然神伤时，需要战胜失落；遭遇毁谤，灰心丧气时，需要战胜舆论；情感受挫，痛苦不堪时，需要战胜悲观……只有不断战胜生活中这样那样的困难，才能健康快乐地成长，愉快生活，品尝到幸福的甘甜。

有一句话说得很好："当上帝要想成就一个人，必先去磨练他；魔鬼要想毁灭一个人，必先去放纵他。"磨难是上帝送给一个人最好的礼物，它是上帝对我们的爱，是为了让我们更接近幸福，也是为了不让我们受更多的苦。所以，想要不再吃苦，就要悦纳上帝的磨练，去战胜苦难。

困难是人生的伴侣，伴随我们成长的每时每刻。巴尔扎克说："挫折对于天才是一块垫脚石，对于能干的人是一笔财富，对于弱者是一个万丈深渊！"那些把困难当作垫脚石的"天才"，一般都会用足够的心理准备，用乐观、向上的心态来战胜失败和挫折，将苦难踩在脚下，并从人生的低谷中走出来，在逆境中奋起，最后到达幸福的彼岸。

美国有一个叫米歇尔的青年，在一次偶然的车祸中，他全身大面积被烧伤，面目非常恐怖，手脚也变成了肉球。看到镜子中难以辨认的自己，他内心极度恐慌，但他并没有就此沉沦，因为他知道，想要不吃苦，就要想办法摆脱苦难！

几经努力，这位身残志坚的人终于变成了一位百万富翁，但他并没有就此满足，坚持要用肉球似的双手去学习驾驶飞机。结果，因飞机突发故障，他从高空摔了，把脊椎摔得粉碎，虽保住了性命但此时他已经完全瘫痪了。家人、朋友悲伤至极，他却说："事情已经是这样了，我必须乐观地接受。我的身体虽然不能行动了，但我的大脑依旧非常健康，我还可以说话，还可以帮助别人。"从此以后，在医院的病房里，他用自己的智慧和幽默，去鼓励病友战胜疾病。他在哪里出现，笑声就在哪里荡漾。

一天，一位护士学院毕业的金发女郎来护理他。米歇尔一看见这位姑娘就爱上了她，想向她求爱。于是，他将自己的想法告诉了家人和朋友，大家都劝他："万一被人家拒绝了，你多难堪啊！"可他却说："不，万一成功怎么办？万一她答应了呢？"

米歇尔决定抓住哪怕只有万分之一的可能，勇敢地向那位姑娘示爱。两年之后，那位金发女郎嫁给了他。

米歇尔的坚韧不拔和战胜困难的勇气，使他成为美国人心目中真正的英雄，并最终成为美国坐在轮椅上的国会议员。即便是曾经被苦难包围，他还是勇敢地咬破了困住自己的茧，为自己创造了不再吃苦的条件——拥有了财富、爱情、名利。

人生是一场没有硝烟的战役。当你身处战场、兵临城下时，后退，无疑只能做逃兵或俘虏。这时，不妨学习项羽破釜沉舟的气概，冷静地在最短的时间内将作战局势分析清楚，尽最大的可能把困难解决，就算最后不一定赢，但没有放手一搏，又怎能对得起自己？

　　因此，当在人生的路上不小心遇到困难这只"拦路虎"时，一定要摆出战胜困难的姿态，先让自己从内心强大起来。首先在气势上压倒别人，让别人知道你并不是一个懦弱的人。就算你最终与成功无缘，你无所畏惧的精神和勇气也会得到他人的赞赏，如果你顺利地克服了困难，这无疑是向他人证实了你的能力；其次是借此机会锻炼自己，每个人都愿意过无忧无虑的生活，没有人希望自己的一生在苦海中泅渡。但是，人生的大海又怎么会永远风平浪静。碰到困难，勇敢地迎上去，"攻击是最好的防御"。这条军事原则不仅仅适用在战场上，也是我们生活的智慧之策。

　　有人对蓟草是这么看待的，"当你轻轻地触摸它的时候，它肯定会刺伤你；但是你一旦使劲地握住它，它的刺就会碎落了"。所以，我们可以像对待蓟草一样来对待困难。苦难也是个欺软怕硬的东西，我们要将困难看成是一种考验与磨练，只有战胜它，我们才能拥有不再吃苦的条件。

　　柔弱的小树苗只有经过暴雨的洗礼才会长成挺拔的参天大树，体验到耸入云霄的自豪；娇嫩的花朵只有经过雨露的滋润才会散发诱人的芬芳，体会到"万人为之驻足"的骄傲；人只有经过磨难的洗涤才会更加强大，触摸到幸福的脉络。一时的困难，不过是春天来临之前冬日的蛰伏，顺利渡过后，迎接我们的将是面朝大海，春暖花开的美好日子。

跌倒，爬起来，下次走路注意点

人之一生，总是伴随着失败和挫折。在每一次与挫折的交锋后，我们都有可能会跌倒，但是跌倒并不可怕，可怕的是跌倒后不振作，不奋起直追。如果人类在学习直立行走时，因为害怕跌倒而拒绝尝试，现在可能我们跟一般的动物没什么区别，更不用说把双手独立出来，创造属于人类的辉煌文明了。

平日可见，小孩在跌跌撞撞学走路时，会因为站不稳"扑通"一下摔倒在地，他会哭泣，但很快就会爬起来，乐呵呵地继续张开小手向前走去。也许，他还会摔倒，但是，在经过一次次摔倒爬起来后，他就学会了稳稳当当地独立行走了。

如果学步的小孩因为一次跌倒而拒绝爬起来继续学习行走，那他这辈子都可能在地上爬着了。就像我们学习滑冰一样，当脚下变成了冰刀或滚轴，走路不再像我们平时那样踩在踏实的大地上时，我们的内心充满了惶恐，害怕摔跤，害怕疼痛。可是，学习过滑冰的人都知道，要想穿上特殊的鞋子后依然行走自如、健步如飞，首先要习惯摔跤。摔的次数越多，就能越快掌握更多的技能。要知道，每一次跌倒，都是为了再爬起。这一次的跌倒不过是下一次腾飞的开始。

这一路上，也许在不留神间，就会摔倒，甚至摔得鼻青脸肿，但只要勇敢地面对，跌倒一次算什么，从哪里跌倒就从哪里站起来，我们同样可以迈开大步，继续往前走。只要一步一步踏实坚定地前进，那些曾经绊倒过你的挫折最终就会向你低头，向你屈服。所以，我们没有必要惧怕跌倒，跌倒了我们就再爬起来，直到获取最后的胜利。

　　有一只蜘蛛，在两棵树之间织了一张网。它不知疲倦地忙碌了很久，眼看网就要织好了，可是，天却忽然下起雨来了，这个刚刚织好的网一下子就被雨点给打破了，蜘蛛从网上摔了下来。可它并没有放弃，雨停了，它从树叶下面爬了出来，继续修补破烂的网，网一点点完整起来，可是一片树叶飘落下来，快要织好的网又被搅得一团糟，蜘蛛并没有放弃，它重新选择"网址"拉线……它一直织呀织呀，每一次失败，它都在反复地想自己为什么失败，就这样它一次又一次地积累自己失败的经验，最后，终于在一个避风的地方把网织成了！悠然自得地享用着自投罗网的美食。

　　遇到困难时，我们不应该把时间浪费在抱怨困难多么大，多么难以克服上。把眼光滞留在挫折带给我们的痛苦上，就很难有心思考虑自己下一步的对策。比如，在战场上，当你的左手负伤时，如果因为难耐的疼痛，将注意力都集中在左手上，就会忘记调动右手的机能，那么右手也自然难保，甚至连性命都岌岌可危！面对困难这个敌人时就是这样，在对手无比强劲的攻击下，你必须冷静体会面对困境的感觉，然后考虑下一步的对策，分析如何才能冲出重围，否则就会败得更惨。

　　不过，当真正跌倒的时候，每个人的态度是不一样的。有的人跌倒了，很自然地爬起来，拍拍身上的尘土，什么都不想，继续向前走；有的人跌倒后，静静地坐着，思前想后，将跌倒的原因以及下一步该怎么走，都考虑成熟后，再爬起来，信心百倍地大步前进；也有的人跌倒后，暗自垂泪、怨天尤人、自暴自弃。这些不同的态度，当然就会产生不同的人生。

　　第一种人，无论经历过多少次"跌倒"，都不会有所收获，因为他思想的弦生了锈，不会总结失败，不去分析失败的原因，下次遇到同样的困难，他依然会跌倒。

第二种人的做法值得我们学习，他们跌倒后，没有麻木，也没有抱怨，能很快将自己置于冷静的分析之中，总结曾经的错误或失误，深谙"吃一堑，长一智"的道理，跌倒不仅没有成为人生的障碍，反而成了一种提高、一种腾飞的前奏，他们就像掌握了"吸星大法"，吸收失败的能量，让自己武艺更高超。这种人不会做一些毫无意义的事，不会在不可更改的事实面前浪费自己宝贵的时间，而是尽量将挫折转化成一种人生的财富，把挫折当成人生道路上的一个转折点，使自己以后能够飞得更高更远，不再跌倒！

第三种人也注定一事无成。遇到困难，一味沉浸在伤心之中，全然不顾其他，没有勇气爬起来，也无力面对接下来的问题，所以他注定与美好的未来无缘。他之所以挣扎得如此痛苦，是因为过分看重挫败后人们的评论与眼光。

"无欲则刚"，内心的虚荣会直接夸大"跌倒"的影响。其实，只要把跌倒当作一件很正常的事来看待，就不会太过在意了。遇到困难或跌倒了并非世界末日，一时的跌倒也不代表一生的失误。只要心中充满热情、思维通透，就不会被一次不小心的"跌倒"绑缚前进的脚步。挫折不过是走路时不留心踩到的钉子，第一次踩到时也许是刺痛了脚，但只要把它拔出来扔掉，下次走路的时候小心点就可以了。

其实，很多事情都是在一念之间，跌倒后的一念决定，就会改变一个人的一生。如果我们摆正心态：遇到挫折未必是一件坏事，经历挫折不过是让你多了一份阅历，多了一笔财富。那么，跌倒就成了一堂人生的成长课，成了积累成长经验的好机会。跌倒了，不要害怕，爬起来，继续向前奔跑吧！让身旁呼啸而过的风为你喝彩。

再苦、再累、再困顿，奋斗了就是生活的主人

中国有句俗话：吃自己种出的西瓜，你会感觉到分外地甜。而拿破仑·希尔也曾经说过类似的话："生活就是这样，有些人再苦、再累、再困顿，奋斗了，他就是生活的主人；有些再快乐、再舒适、再富足的人，但他始终自豪不起来，因为在生活的长河里，他缺少艰难的创造和拼搏。"

没有付出的回报往往得不到人们的珍惜，我们也无法从他人送来的成功中感受到喜悦。我们会把金榜题名时说成是人生最快乐的时刻之一，就是因为它是我们十年寒窗苦读的结果。用自己的努力换取的成功果实才会分外甜美。

有一个农夫，他有两个儿子，大儿子非常懒惰，从来都不喜欢下地干活，小儿子却很勤劳，地里的什么活都抢着做。

农夫很为自己的两个孩子担心。一天，他把两个孩子叫到自己面前："孩子们，你们都长大了，要学会独立生活，我没有什么财产分给你们，只能给你们两块地。其中的一块我已经开垦了多年，土壤很肥沃。另外的一块在后山脚下，面积大一点，但是要自己去开垦。你们选择一下！"

两个儿子互相看了看对方，大儿子说："我是老大，我先选，我要你开垦过的那块地。"

小儿子笑了笑："我没有意见，后山的那块地归我。"

小儿子说完话就背着锄头兴高采烈地去了属于自己的那块

地里，果然，杂草丛生，土壤板结，里面还有很多石头。看来得费点力气了。他毫不迟疑，马上动手挖杂草。

大儿子三天后才到自己的地里，随便用耙子耙了几下，撒了一包菜籽，连水都没有浇，就回家睡觉了。时间一长，他这块肥沃的土地也因为疏于经营而日渐荒芜。

两年后，村里的人都说后山变成了花海。大儿子听说这个消息，也跑去看：这不正是自己的弟弟分到的那块地吗？可是怎么变化这么大？原来的杂草都不见了踪影。放眼望去，是一片花的海洋，红的、紫的、粉的……开得姹紫嫣红，芳香四溢。而那些小石头，被弟弟悉心地铺成了石子小路，人们走在上面参观不同品种的花时，还可以按摩脚底。

当弟弟满脸笑容地邀请他参观自己的花卉基地时，哥哥非常惭愧，他自以为过了两年悠闲自在的日子，现在却发现，那种日子是那么的没滋没味。

想要好好享受生活带给我们的果实，就必须先为它施肥、浇水。这就好比一个农夫，在春播夏收之后，把丰硕饱满的果实搬进粮仓时的喜悦；就好比一名教师，全身心投入到教学中，最后看着自己的学生走向成功时的欣慰；就好比一位母亲，在怀胎十月之后，看到自己的宝宝出生的那种激动……但是，没有自己亲自付出，肯定是体会不到这种喜悦的。

史蒂芬·柯维博士是全球最大的职业服务公司——富兰克林柯维公司的联合创始人和副主席，他在论断"收获必须付出时"，讲到下面这个故事：

多年前的一个八月，天气炎热，伯纳德·哈古德和杰米·格伦驾车行驶在南亚拉巴马山区里。他们又累又渴，当他们看到一家废弃的农舍之后幸喜若狂，因为有农舍就肯定有抽水机。

他们马上停下车，并且跳下车子，向抽水机跑去，抓住手柄就开始压水。压了一两下后，伯纳德指着一个旧桶，让杰米拿上去附近的泉边打一些水来，好倒入抽水机中，这样才能让抽水机产生吸力，水才会不断地涌出来。

就像抽水机给我们的启示一样，付出了水和劳动，你才能得到更多的水，解决口渴的需求。人生也是如此，在我们的生活中，我们在想要得到什么之前，就必须为之付出，不要总想得到之后才去付出，那是不可能的。可是，有很多人并不明白这个道理。比如，有人会说："虽然我现在工作没有尽到职责，但是，只要你给我加薪，以后我会更好地工作，尽职尽责。"也有人会说："虽然我现在什么都没有做好，但是只要你让我做销售部经理，我就会真正让你看到我的能力。"难道不觉得这个想法是多么可笑吗？这样做其实一点儿用都没有。如果有用，我们每天都可以向上帝祈祷："主啊，请给我很多钱吧，我将来一定会自己去挣钱的。"实际上，这就是在说："先给我报酬，我才会考虑去创造生产。"当然，最后会不会生产是另外一回事了。生活并不遵循这样的规律。所以，如果你想让生活赐予你什么，首先你得懂得先付出。不能老是期盼别人先给你什么，你才能做什么。

当别人把一份成绩或者成功的果实递到你的面前时，即便你拥有了它，但没有付出就得到的成功会让人不心安。你不知道它是如何形成的，更不用说从这个过程中学到什么；你不知道这份成功要付出什么，更不用说在享受时能体会到曾经为之努力所忍受的"苦"给现在带来的欣慰！

所以，想要成功，就奋斗吧！想要摘取成功的桂冠，现在就伸出勤劳的双手，终有一天，你会体会到自己播下的种子，长出诱人的果实时的无尽喜悦！因为用自己的努力得到的成功果实会分外香甜。

第 二 章

坚 强：
苦难对于强者是一笔财富，对于弱者是万丈深渊

>>>>

门列捷夫说过："平静的湖水练不出精悍的水手，安逸的环境造不出时代的伟人。"做一个坚强的人，在伤痛面前愈挫愈勇，让自己的骨骼更坚硬，肌肉更结实，内心更强大。学会承受生命中的苦难，用非凡的气度、坚强的毅力、宽阔的胸怀去承受各种伤痛的侵袭，承受生命的磨难与挫折。

伤痛是一笔财富，用正面的心态看待

人生之路总会有些弯弯曲曲、总会经历一些坎坎坷坷。那些痛苦，或长或短，或大或小，都需要我们一一经历。经过痛苦之后，对人生、幸福、苦难，才会有深刻的理解和领悟，所以，伤痛是一笔财富，聪明的人能将这笔财富受用终身。苦难也像一块磨石，智慧的人会善待它，不仅能减轻痛苦，而且能磨砺出坚韧，使自己日渐成熟；愚笨的人不会利用它，往往因为痛苦而痛苦，越磨越糟，使自己日渐消沉。所以，要做一个幸福快乐的人，必须学会从痛苦中走出来，为自己原谅痛苦找一个理由。

人活着，谁都希望自己的生活充满幸福和美好，可是生活总是不让我们称心如意，总会给我们带来大大小小的一些麻烦，当期望落空时，痛苦也会随之而来。但是，我们要清楚地认识到，一帆风顺的人生是不完整的人生。生命中，有快乐就肯定有痛苦，如果我们紧紧抓住痛苦不放，快乐就永远没有到来的机会。我们只有放弃痛苦，抓住快乐，才能让生命绽放光彩。

莫兰是和我一起长大的邻居，因为家庭原因，她中学毕业就不得不放弃上学的机会，去她父亲的工厂当了一名纺织女工。后来他们全家搬走了，从此断了音讯。有一次我去邮局，竟然遇见了她，那时她俨然已是一个幸福的少妇了。

多年不见，我们准备找个地方坐下来聊一聊，在邮局附近的冷饮厅里，我们各自要了一杯咖啡。我原本想听听她的幸福生活，也给自己的心灵寻找些许安慰，可她却向我诉说了她的不幸：遇到了帅气的设计师老公，很快就结婚并且有了一个可爱儿子，可是儿子三岁时一次生病去医院，竟然被检查出来是艾滋病病毒携带者，这个消息使夫妻关系急剧恶化，家里从此争吵不断，后来孩子四岁时患上白喉，死掉了，她与丈夫也离了婚。

"这样的打击让我一度想到用死来解脱自己，我坐火车到了另外一个城市，在当地的一个邮局里给父母写诀别信。这时的我非常绝望，可是我没有想到会有人上来跟我说话，一个拿邮包的白发老人，请求我帮他把邮包封上线，那一刻我忍不住哭了，我想到还有人需要我，我的人生路还很长，不应该就这样结束。后来，我回到自己家里，开始了全新的生活，现在，我又有了爱情，收获了新的家庭。"说完这些，她眼睛湿润了，"我觉得不是我帮助了那位老人，而是他帮助了我。"

的确，身处困境的人总会特别脆弱，一点小的事情或者是无意间听到的一句话，都可能影响他的决定。我们不能保证听到的都是对我们走出困境有利的话，所以要有善于甄别的明眸。困境带给我们的痛苦，能否影响到我们，最终取决于我们怎样对待它。

一位丧子的母亲说："刚开始，我完全没办法平静，对于死去的儿子，不论我做什么，想什么，那种悲痛的感觉甩不开丢不掉。后来我让自己忙碌起来，那样我便没有多余的心思去想儿子的死亡，但只要一静下来，甚至只是走路停下来一会儿，那种哀痛就会来侵袭，令我无法招架。现在，虽然想到仍会难过，但情况已不一样，我不再没事找事忙，故意逃避。最痛苦的那一刻已经过去，我已经可以不必再抗拒那种情绪。如今，我可以再次体会人生的快乐，那些痛苦已不是现在的事了，它只是我人生的一部分，而我的人生路还很长，还要继续前行，继续奉献和成功。"

很多事情，我们该面对的还是要面对，就算你躲得了一时，可是躲不了一世，到时候，你还是一样要去面对，这样你痛苦的时间就会越来越长。面对痛苦的经历时，我们会感觉不知所措和难以忍受，更无法想象以后要怎么办，这时，我们便想要逃避。但是，如果我们只是一味地逃避，那么，就只会令自己陷入越来越深的痛苦之中。其实，痛苦之所以让人害怕，在于它会使日后的我们，一而再、再而三地记起那件事，并且只要想起，那种情绪便又上来，在我们的生活中周而复始，然后我们感觉痛苦如影随形，怎么也摆脱不掉。当我们沉溺在这种情绪中时，就无法体验生活的美好。

那么，我们该怎样用正确的心态体验生活中的美好呢？

1. 我们一定要找到痛苦的根源，彻底斩草除根

痛苦的根源就是我们内心的不自在，想要解除痛苦，就要依靠我们自己的心。

2. 放下执著的心

如果不放下执著心，对待痛苦的忍耐只会越来越弱，到最后只会自暴自弃，在怨天尤人的情绪中走向自我毁灭。

3. 善于调整自己的内心

有两个处境非常相似的人，在遇到完全相同的不幸之后，所表现出来的现象是完全不一样的，这是为什么？主要是因为他们的心理承受能力的区别。所以，我们想要改变痛苦的影响，就要懂得调整自己的内心，使外部世界的变化和内心世界的变化保持一定的平衡，这样我们的生活才会逍遥自在。

就像 ABC 理论说的那样："改变自己的认知，才能改变对事物的看法。"面对困境时，不要逃避痛苦的感觉，也不要逃避现在的生活，当痛苦来临时，去感受它；当痛苦飘走时，就让它随风而去吧，让它真正成为过去，这样我们才能好好开始新的生活。

与自己独处，学会品味孤独

每个人都有过孤独的经验，尤其是当自己被困境困扰，百思不得其解的时候，孤独使我们显得无依无靠。这时候，很多人都曾感叹自己的孤独，将孤独视为大敌，殊不知，孤独还有另一番涵义。其实，孤独并不可怕，少了对抗孤独的勇气才是最可怕的。如果能沉静下来反思自己，学会与自己独处，学会品味孤独，那意味着成功已经在向你招手了。

德国哲学家尼采说："人生要得到真正的自由与快乐，必须晓得领受孤独与寂寞。"明朝陈眉公也深深觉得孤独是一种享受，当有人问他如何是独乐乐时，他回答："无事此静坐，一日当两日。"我们平常人一想到自己孤单，就总会用"形单影只"来形容，可寒山子却把形单影只看作是人生一件美不胜收的事，他在一首名为《可笑寒山道》的诗中写道："可笑寒山道，而无车马踪。联溪难记曲，迭嶂不知重。泣露千般草，吟风一样松；此时迷径处，形问影何从？"他在联溪胜境中逍遥自在，在峰峦美景中忘记了自己的形影，把孤独化作了人生至高的享受。

懂得孤独的人，不会觉得孤独可怕，他们会像品味陈酿的美酒一样，细细体会孤独的涵义。

一对年轻有为的美国夫妇，住在纽约繁华的市中心。他们的工作体面，待遇也不错，可是，时间一长，他们觉得自己的生活就像不知疲倦的机器，每天都是忙忙碌碌地做着相同的事情。生活就像榨汁后被人丢弃的甘蔗渣，毫无味道和活力。

终于有一天，夫妻俩决定去乡下度假，他们驾车来到了一个山脚下，看见清澈的小溪旁有座小木屋，木屋前坐着一位五十多岁的男人。丈夫觉得很奇怪，一路开车，没有看到什么人家，于是他问这个男人："这里人烟稀少，有时候连个说话的人也没有，你难道不觉得孤单吗？"

这个男人憨厚地人笑了笑说："怎么会觉得孤单？虽然邻居很少，但是陪着我，跟我说话的东西可多了！我面对眼前的青山时，青山让我感受到一股强大的力量；当我眺望那边的山谷时，茂密的树林在对我窃窃私语；当我抬头看到蓝蓝的天，那些奇异而又柔软的白云给了我无限的遐想……有这么多的东西陪着我，我开心快乐都来不及，怎么会感觉孤单呢？"

有一句充满哲理的话："生活中并不是缺少美，而是缺少发现美的眼睛。"是啊，有的人认为独处的时候会寂寞难耐，会觉得时间过得特别地慢，但是，独处却能让我们更好地用自己的心灵去感受生活中的美。在烦扰的工作之余，泡一杯清茶，翻开一本好书，独坐窗前，可以默默地欣赏窗外的风景，可以阅读如水的文字，可以品味茶的芬芳。这样简单的一件事情，不仅使我们身心愉悦，还能让我们有充裕的时间来筹划将来，在几分惬意和清闲中规划好今后的人生之路。当生活成为"忙碌"的代名词时，很多人在追逐金钱、名利、梦想的时候，忘记了要停下来，留一份独处的时间，听一听自己内心深处的呼唤。

其实，细心观察会发现，身边经常有这样的人，他们非常害怕独自一个人，担心还没有体会到轻松愉快，就先要处理自己起伏不定的情绪，更担心无所事事时，要面对真实的自己。他们把每天的时间安排得很满，白天上班，晚上找一群朋友出去玩，或者是去逛街参加一些活动，有时候想要找到他们都不容易，可是，这样会安排时间的人，居然是因为自己无法面对空闲下来时内心可怕的空虚。

反思一下自己，又何尝不是呢？独自一人时，我们总会尽量找事情做，不是看电视，听收音机，就是拿出手机或打开电脑玩游戏。

有人认为孤独就是心情不好，认为孤独必然导致内心的惆怅与伤感。其实不然，并不是所有的孤独都是悲情的，忙碌的生活过久了，我们偶尔也会想，如果可以摆脱掉工作，摆脱掉那些善意的关怀，将会是多么轻松愉悦。如果可以独自一人，不受干扰地做自己的事，没有义务只有宁静该有多好？可是，当真正有办法找到这样的时间，反而会因为害怕孤单而迫不及待地回到忙碌的环境中。

其实，孤独是一种享受，在忙碌过后，让自己独处，你会暂时忘却尘世的喧嚣和工作的烦恼，能够听到心灵深处百灵鸟的歌唱，看到明媚的阳光；孤独也是一种心境，遇到困难失意无助的时候，独自一人体会这生命的黯淡时刻，孤独就成为生命的宁静，在这个时候，你心灵的"眼睛"会更加明亮，许多以前看不清的东西现在都会水落石出，孤独让我们的精神变得空灵，让你能用心看世界。这时你的心情可以穿越现世的繁华，斩掉纠缠身心的缰绳，快乐自在地享受生活。

独处需要多练习才能驾轻就熟，要学习和孤独、无聊、空虚的感觉对抗，在孤独的时间里，最好的事情是进行有关人生境界的静悟、学习和修养，它会使我们的心灵洗去尘埃和欲念，归于大自然的纯净和轻松。

生命离不开热闹和孤独，我们在热闹的环境中能体验到许许多多的快乐，也会面临诸多的困难。独处给我们带来孤独，也带给我们沉静。当我们一个人的时候，全世界都会安静。有人说过："当我安静的时候，是我的大脑转得最快的时候。"所以，这种情况下，我们学会了思考人生。如果期望快乐就首先适应孤独，学会与自己独处，只有能品味孤独的人，才能欣赏生命，感受到生命中的快乐。

自我约束，是通往成功的必经之路

骑过自行车的人都知道，上坡的时候必须花力气使劲蹬，更有力才能顺利爬上坡，这样也会使人累得气喘吁吁；而骑车下坡的时候，则要轻松得多，顺着坡度，车子会飞快地下滑，有时候甚至需要控制好闸门，才能不让车子跑得太快。

人生的"上坡"和"下坡"也是如此。如果把"上坡"比作"学好"，把"下坡"比作"学坏"，通常的规律是：学坏比学好要容易得多。就像人们说的："学好千日不足，学坏一日有余。"是啊，我们如果想自由散漫，不用学都会，想要严守纪律、约束自己就要时刻提醒自己。

不管是作家，还是明星，创造出优质的作品固然离不开灵感和才华，但是能够真正成功且能持续创做出好作品的人通常都是那些自我约束力极强的人。曹雪芹历时几十载，经过反复修改才有《红楼梦》的问世；海明威在创作的时候总是单脚站立；王宝强在成名后也极其节约……一个人为了达到自己的目标，可以拒绝外界的诱惑，保持内心的纯正，把所有的心思都放在自己专注的事情上，他还有什么理由不成功呢？

中国有句古话说："成人不自在，自在不成人。"就是说，想要成才，就必须要经过一番艰苦奋斗才行，自由自在、放松散漫的生活是不可能成功的。如果你想过舒服懒散的生活，就注定无法成材。古人还有"富不过三代"的说法，就是说祖辈创业积累财富很不容易，要付出许多辛苦，可是子孙挥霍起这些财产，却要容易得多，也是类似道理。

德国的哲学家包尔森说："幸福、成功、走运，对品性来说是一种危险，最后，对幸福本身也是一种危险。"而且他还提出"享受使人退化"
的道理。他认为，逆境、失败和受苦都可以锻炼人的品行和意志，让人们
在压力下变得坚韧和强健，还会让我们在以后成功的时候，仍然可以起到
自我约束的作用。

　　波特是一个很优秀的青年，一直梦想成为一个大学问家，但
是好几年过去了，他在其他方面都有不错的表现，唯独学业，似
乎一直没有什么长进。富兰克林决定带自己的侄子波特去爬山。
　　登山的路上他们一边欣赏美丽的风景，一边聊着天。沿途，
波特发现了许多五彩的小石头，非常漂亮，他总是忍不住去捡。
富兰克林见状，就让他把这些石子装进自己的背包里。
　　很快，石子越来越多，背包越来越鼓，波特也越来越吃不消。
　　终于，当富兰克林又一次说："喜欢你就把它装进背包里
吧！"波特再也忍不住了："叔叔，再装，我恐怕上不了山顶了。"
　　富兰克林看了看大汗淋漓的波特，微笑着说："是呀，那该
怎么办呢？"
　　波特不假思索地说道："该放下这些石头，不背着它们爬山。"
　　"对呀，那为什么不放下呢？背着这些石头怎能登上山顶
呢？"富兰克林笑了。
　　波特一愣，但聪明的他很快明白了叔叔的话的含义，从此，
他全身心投入到做学问里，进步飞快，终于取得了自己想要的
成功。

把"登上山顶"比作成功，那么走在登山的路上，就是走向成功的
历程。有人心中只有山顶那个目标，有人却留恋山路上的花花草草，诚然，
我们可以在时间和精力足够的情况下去欣赏周围的美景，但是人要想更快

登上山顶取得成功，就应该学会用意志的力量来约束自己、管理自己。懂得取舍，分清主次，敢于承担责任。如果在追求成功的道路上，过多地注重那些路途的风景，一味地想去做自己高兴做的事情，不能够约束自己的心，战胜惰性，最终将偏离自己原定的目标，甚至与之背道而驰。

生活在现实的世界中，我们绝不应该采取"不在乎天长地久，只在乎曾经拥有"的人生态度。今天的快乐和潇洒是短暂的，当明天来临，困难依然是困难，没有人会替代我们去解决它，梦想依旧是梦想，馅饼不会从天而降。可是我们的感情大都容易倾向于获得暂时的满足，所以，我们要善于做好自我约束。

偶尔表现出自己的自我约束能力并不难，但是要取得成功，就必须坚持不懈，在一生的奋斗过程中都能约束自己。人一生，不过是一些分分秒秒的积累，但是在这些分分秒秒发生过的事情，将决定你的一生是否成功。

有一句名言叫："生于忧患，死于安乐。"在顺境中，在舒适的生活中，人们很容易丢失进取心，变得散漫，最后可能失去竞争力，乃至失去自己所拥有的一切。而在苦难之中，我们可能被迫为摆脱苦难而奋斗，为了获取成功，而不得不养成自我约束、努力奋斗的精神。这就我们常说的自律，通过自律，我们就可以在面对问题时，以坚毅、果敢的态度，从学习与成长中获得相当大的好处。

所以，自我约束的能力是每一个人必须要拥有的。自我约束能力能帮助我们保持头脑不受种种杂念的干扰，并且形成一种自动过滤的习惯。这种习惯能够让我们严格地要求自己，并为之付出艰苦的努力。而如果我们光顾着贪图安逸和享乐，就很容易使自己形成懒散堕落的习惯，最终一事无成，甚至步入歧途。

沉着冷静，是打败困难的法宝

所谓冷静的心态，就是指我们在处理每一个问题的时候都要对此进行认真和多角度的思考和分析，千万不要意气用事。见过下象棋的人应该都知道，那些棋艺高超的人，在下每一步棋的时候，都会认真地思考好半天，这主要是因为他们要认真地观察每一步棋局的变化。俗话说："一招不慎，满盘皆输。"人生不就是这样吗？所以，我们一定要像在下棋的时候那样，每做一件事情，都要冷静地思考和分析，想想如果这么做会带来的后果是什么。这在人生的棋局上是相当重要的。一位参加过"二战"的空军飞行员曾经讲述过他这样一段亲身的经历：

在第二次世界大战期间，他担任 F6 战斗机的驾驶。经常被派遣去执行很重要的任务，有一次上级下达的任务是轰炸、扫射东京湾。当他驾驶着战斗机从航空母舰起飞后，一直保持高空飞行，然后再以俯冲的姿态滑落至目的地 300 英尺上空执行任务。最后俯冲的姿势是否精准，直接关系到任务的完成情况。

可是，正当他以预设的姿态俯冲下来时，他驾驶的飞机左翼被敌军击中，机身顿时全部翻转过来了，并且急速下坠。

这位飞行员一抬头，发现海洋竟然在自己的头顶，在这千钧一发的时刻，他想起了受训期间教官说的话："在紧急状况中要沉着应付，切勿手忙脚乱。"于是，他努力使自己冷静下来，静静地等候把飞机拉起来的最佳时间和位置的时机。最后，他凭借自己冷静及时的处理，幸运地脱险了。

教官的那句话，在关键时刻，救了他的性命。

沉不住气的人在遇到紧急情况的时候最容易失败，因为急躁的情绪是他们的弱点，他们越是急躁就越沉不住气，越沉不住气就越是急躁。在这种情况下，他们没有多余的时间来考虑自己的处境，更不会冷静地思索有效的对策，他们只是一味地感情用事。而感情用事，往往又是导致事情失败的根本原因。

面对突发事件，不要惊慌失措，要镇定自若，冷静地去面对，如果方向错了，行动越快，反而会越陷越深，只有遇事沉着冷静，才能有效地处理问题。这是一个人的气度和能耐。这种气度和能耐来自于理智的头脑，这种气度和能耐使人在大的变动中沉着应对，处变不惊。

在创业的过程中，我们也难免遇到各种棘手的问题，有时候还是存广攸关的大事，作为决策者，一定要保持头脑的冷静，认真分析当前的形式，及时采取必要的措施，才能化不利为有利，转危为安，成就大事。

1957 年，在美国芝加哥开办了一个全国性博览会。57 岁的罐头食品公司经理汉斯，也参加了这个博览会，把生产的罐头食品送去展览，但博览会却分给他一个最偏僻的阁楼作为会场。

但是，汉斯没有怨天尤人，而是冷静地张罗着，并以他灵活的大脑和强烈的自信心，影响着事态的发展，很快他就想到了一个吸引参观者的巧妙方法。

博览会开幕后，前来参观的人络绎不绝，但是到阁楼上去的人却很少。第三天，前来参观的人常常能从地上拾到一些铜牌，上面刻着一行字，"谁拾到这些铜牌就可以到博览会的阁楼上汉斯食品陈列处，换取一件纪念品。"

　　这招果然厉害，不久，小小的阁楼就被挤得水泄不通，汉斯陈列处几乎成了大会的"名胜"，前来参观的人争相前往，博览会期间，汉斯得到的利润共计 50 万美元。

　　沉着冷静是每一个成功人士都具备的优秀品质。当然，如果能从冷静延伸出机智和勇敢，也是一种超凡的出众，这就是所谓的急中生智。若没有冷静的因素，怎能生出一点解决问题的机智，若没有沉着的心理素质，怎么可以面对一切的压力？如果一遇到事情就一味的急躁、焦虑、感情用事、被冲动战胜了冷静，那么你便在很大程度上，失去了把握自己的能力，更不能理智的思考，寻求解决问题的正确方法了。在众人的慌乱无措中，谁若能沉着理性的面对事情，他就会是事情的最终解决者。

　　有人说："冲动是失败和罪恶的动力，冷静是成功与壮举的使者。"究竟怎样才能有效地发挥自己的强项，并冲破人生逆境呢？这就需要你在做任何事情的时候，都要保持头脑清晰，才能选择正确的方向。

　　我们随时随地都要保持一个清醒的头脑，这样才能保证有一个正确的判断力。比如，在别人惊慌失措手足无措时，你要保持着清醒镇静的头脑，分析出最佳的解决方法。能够这样做的人，才是真正的杰出人才。一个遇到意外事情便手足无措易于慌乱的人，必定是个思考尚未成熟的人，这种人不足以交付重任。只有遇到意外情况镇定不慌处变不惊的人，才能担当起大事。

　　那些海洋中的冰山，为什么经过无数的风浪和波涛的摧残，依然矗立在海洋中岿然不动，好像从来没有被波浪撞击一样。主要就是因为，冰山庞大的体积都隐藏在海面之下，稳稳、坚实地扎在海水之中，这样就算海面的波涛再怎么汹涌，也不会被撼动。我们人也一样，要像冰山一样，沉静在海洋的最底层，这样才能冷静地面对一切。如果你的内心无法像冰山一样保持冷静，肯定就无法有效地处理问题。我们每一个人在遇到事情的时候，肯定就像热锅上的蚂蚁，急得不行，总想在最快的时间找到最好的解决方法。但是，我们要时刻提醒自己，在不冷静的时候想到的方法可能都是不正确的，因为你很可能已经被冲昏了头脑，想要找出理性的答案是不太可能的。我们只有先让自己平静下来，在冷静的状态下才能真正地面对难题，才能做到理性地思考。

当我们遇到危机、陷入苦难的时候，克服危机的方法不是轻易就能找到的。然而，如果你坚持不懈地寻求新的出路，愿意在成功的可能性很低的情况下去尝试，你肯定就能找到出路。我们在处理事情的时候，要时刻保持自己头脑的清醒，用放大镜去寻找那些在问题中可能存在的机会。在思考某一问题时，将相关因素全部写出，我们就能够将自己的思路理顺，明白自己要解决问题需要先处理好哪些因素，一旦拿起纸笔，正视事情的存在，为思考提供一个判断的新基础，我们觉得事情繁杂的感觉就会自然消失。当我们分清事情的原委，再做出决定也就不是什么难事了。

经历苦难才能造就非凡的成就

一个人，要确定前进的目标并不难，难的是，在前进的路上，不被问题和困难吓倒，不被失败所击退，勇往直前，永不放弃，这样他才有可能获得最后的成功。追求成功需要磨练，就如同一粒种子，它在什么地方生根、发芽并不重要，重要的是它在生长的过程中是否能够经受得住各种气候与自然条件的磨练。

在同一座山上，本来有两块几乎是从一个模子里印出来的，没什么差别的石头，却在三年之后有了天壤之别的身价。一块石头受到很多人的敬仰和膜拜，而另外一块石头却遭受别人的唾骂。那块境遇不好的石头心理极不平衡，它忍不住对自己的同伴抱怨："老兄啊，三年前我们几乎没什么区别，今天我们的差距是如此巨大，这让我痛苦极了。"另一块石头回答道："老兄，你还记得吗？三年前，来了一个雕刻家，你害怕一刀刀割在身上的痛，所以你告诉他只要把你简单雕刻一下就可以了。而那时我总在畅想并期待自己未来的模样，一点也不在乎割在身上的痛，所以今天咱们之间才会产生如此大的区别呀！"

因为害怕苦难而逃避的人，可能在一段时间内会过得很轻松，但是相对与那些经历苦难，使自己更强大的人来说，这些人的愚懦造成了无尽的后悔，他们抱怨自己不如意的时候，是否想过，他们眼中那些上帝的"宠儿"是如何紧紧抓住苦难这笔财富，在忍受了痛苦后，逐步收获自己的幸福的。

苦难是我们的一生中一笔非常宝贵的财富，无论是谁，总是多多少少有一些坎坷等着我们，而没有经历苦难的人生肯定是不完整的人生。有苦难肯定就有成功，如果你将这些苦难看成是人生最痛苦的回忆，而不去把它好好利用的话，那么你就是在白白浪费自己的宝贵资产。

现在的汽车轮胎之所以能经得起长途辗磨，主要是因为它的弹性。在刚开始的时候，人们设计出的是那种很硬的抗震车胎，但是用不了多久，这些所谓的抗震轮胎就被震得七零八落。后来，人们总结了教训，既然"对抗"不了，那就改进攻为防守吧，于是，人们就造出有弹力的防震车胎，这才经得住磨损。如果我们也能像轮胎一样，把对抗苦难改变为"防守"，和苦难耐心的对抗，那么我们也会生活得稳定和长久，在路途中摸爬滚打时，不怕风雨，不怕坎坷。

门列捷夫说过："平静的湖水练不出精悍的水手，安逸的环境造不出时代的伟人。"也许我们无法成为伟人，但是生活的苦难却让我们告别平庸。如果你是一位强者，如果你有足够强大的勇气和毅力，那么在苦难面前，你就会越战越勇，并且让你的骨骼更坚硬，肌肉更结实，让你更强大。

美国的一所大学进行过一项测试南瓜抗压能力的实验。

实验员在南瓜还很小的时候就用一个非常坚固的铁丝网将南瓜箍住，然后记录南瓜的生长情况。

随着南瓜逐渐长大，铁丝网也必须不断加固，这说明南瓜承受的压力也越来越大。

当实验进行到最后，实验员弄断铁网后发现，南瓜的表面早就凹凸不平，等他们费尽力气打开南瓜，他们发现南瓜本来可以食用的那部分肉已经变成了坚韧牢固的纤维，拉都拉不断。

更令人吃惊的是，这株南瓜的根部延展超过了八万英尺，布满了整个花园。

也许我们并不知道自己能够变得多么的坚强，南瓜都可以承受如此庞大的外力，那么，我们人类又能够承受多少的压力呢？

马云曾说："每次打击，只要你扛过来了，就会变得更加坚强。"俞敏洪在面对两次复读成绩都不理想的情况，能够坚持第三次复读，考上了北京外语系；在出国留学经费不足的情况下顶住压力到培训学校做英语老师；在被北大警告的情况下果断丢掉别人眼中的"金饭碗"，辞职创业；在新东方经费不足的情况下自己又当老板又当打工仔。每一个人生低谷，在常人看来，都可以使人陷入万劫不复的深渊，可是他一次一次扛了过来，这才能将新东方打造成中国第一家在美国上市的培训学校。曲折的经历使俞敏洪给我们讲述了他著名的"揉面定律"："人刚开始没有任何社会经验，也没有任何痛苦，就像一堆面粉，手一拍，它就散了，可是你给面加点水，不断揉搓，它就有可能成为你需要的形状，虽然它还是面，却不会轻而易举地折断。不断被社会各种各样的苦难所搓揉，揉到最后，结果是你变得越来越有韧性。"

另外，我们还要培养自己拥有尽最大的努力，接受最坏结果的心理准备能力。那样，就算明天真的有打击来了，也就不会害怕了。这些困难除了打击我，又能怎样呢？练就自己抗打击的能力，磨练自己的韧性，才能让自己从内心真正强大起来。

苦难是我们人生中不可多得的财富，"上帝爱你，才会给你苦难"。当我们学会了承受生命中的苦难时，我们就可以用非凡的气度、坚强的毅力、宽阔的胸怀去承受生活中所有的狂风巨浪，承受人生旅途中一切的磨难挫折。

将幸福的缰绳握在自己的手中

　　幸福是什么？每个人都想知道，每个人的答案都不一样。有的人认为有钱就幸福，有的人认为有家人陪伴就幸福，有人认为一生平安健康就幸福……你听过一种叫作"暴富综合症"的病吗？那些赢了巨奖头彩、继承了千万遗产或者因为其他原因而一夜暴富的人就会患上此病，这些觉得自己有钱就会幸福的人，在转瞬暴富后发现：钱买不来持久的幸福。

　　这正是我们的问题，我们以为幸福是我们必须去追求和获取的，它就如同金钱、尊贵显赫的地位、生理愉悦和有趣的体验。我们以为自己跨出校门或走进婚姻就会有幸福。但是即使我们最终都得到了这些，我们仍发现，它不能持久地使我们的余生得到自己期盼的幸福。

　　其实说到底，幸福不过是我们心底的一种情感体验。幸福是睁开眼睛时能看见窗外的风景；幸福是看到家人健康地生活；幸福是为了生活而不辞辛苦的奔波；幸福是心甘情愿为一个人煮饭烫衣服；幸福是那个人愿意陪你一起慢慢变老；幸福是半夜被朋友的骚扰电话吵醒；幸福是静静地听着别人或悲或喜的倾诉；幸福是回报曾经帮助过自己的人们；幸福是真诚地对待身边的每一个人；幸福还是……

　　既然幸福是自己内心的感受，那么幸福与外界无关，它也并不像人们常说的那样虚无缥缈。幸福是握在我们自己手中的，由自己定义的。

　　有些人在和最爱的人分手的时候，总觉得天都要塌了，因为他们会认为，自己实在是深爱着对方，失去了爱人，就像没有了空气一样，活不下去。真的是这样吗？

有一本书叫《我们都有心理伤痕》。在书中，一位叫作派克的博士对失去爱的对象而"活不下去"的人说："哦，你搞错了，你根本不爱你的丈夫（妻子、男友、女友）。"对方很生气，并质问作为咨询师的派克为什么亵渎自己神圣无比的爱情。派克则耐心解释说："你说的那不是爱，那是寄生。"

的确，我们没有了对方会有"活不下去"的想法？这就如派克的理解，"我们都是别人身上的寄生虫"，因为我们把自己的幸福系在别人的身上了，这样的关系，没有自由，只有附庸。我们的幸福应该握在自己手中，两个人在一起，并不意味着彼此依附，其中的哪一个人离开了，也应该完全独立生存。

有人认为，找到了一个可以过日子的人就找到了幸福，其实这种想法是错误的。无论是什么情况，幸福只能是自己创造的。那些把幸福的希望寄托在别人身上的人，那些依赖对方来支撑自己幸福的墙垣的人，注定会发生悲剧。因为一旦这种"寄生"关系结束，那么你的情感的靠山倒了，你在短时间内肯定无法独自站立。

我们要清楚地知道，"这世界离了谁都能活"，只有你自己强大了，你才有资格谈幸福；只有你自己真正独立了，你才能构造坚固的幸福堡垒。依靠别人给你的幸福，往往都是不可靠的，它如同蚁穴附堤，狂风巨浪濒临时必将毁于一旦。

在这个世界上，任何人都不会真正地陪你一辈子，不要总是轻信那些诺言，轻易许诺的话有很多都不靠谱，因为，一个人的诺言真的很轻很轻，他如果兑现不了的话，也不可能会去坐牢。世界变化得太快，山盟海誓也可能是花言巧语，而且这个社会的压力非常的大，没有人敢保证能承载对方一辈子的幸福，所以你不要寄希望于别人，最主要的还是要强大自己，一旦别人卸下了你放在别人肩上的幸福，那么到最后损失最惨重的人只有你自己。

　　所以，最保险的幸福就是将命运掌握在自己手中，把幸福寄托在自己身上。

　　舒婷在《致橡树》中这样写道："我如果爱你／绝不像攀缘的凌霄花／借你的高枝炫耀自己／我如果爱你／绝不学痴情的鸟儿／为绿荫重复单调的歌曲／也不止像泉源／常年送来清凉的慰藉／也不止像险峰／增加你的高度，衬托你的威仪／甚至日光／甚至春雨／不，这些都还不够／我必须是你近旁的一株木棉／作为树的形象和你站在一起／根，紧握在地下／叶，相触在云里／每一阵风过／我们都互相致意⋯⋯"

　　我们从成人的那一刻起，就已经在向世界宣布独立了，我们只有依靠自己的努力才能获得真正的幸福，不要妄想别人能够给你什么，依赖从某种意义上来讲，就是一种束缚，它就像一颗糖衣炮弹，外表看起来是非常的幸福，但是，一旦外面的那层糖化开，很可能会为你带来痛苦。比尔·盖茨曾说："依赖的习惯，是阻止人们走向成功的绊脚石，要想成大事，你必须把它们一个个踢开。只有靠自己取得的幸福感，才是真正的幸福感。"

　　一个知道什么是真正的幸福的人，肯定会懂得怎样去恪守自己的独立性，这样的人肯定知道，"对别人的依赖，就是对幸福的出卖"。为什么有的人在别人看起来是很幸福的，但是自己却觉得没有安全感？这主要就是因为，我们对别人太过依赖，过分的依赖有时候会让心里产生自卑和不信任感，所以就会就得不安全。要知道，我们的幸福掌握在自己的手里，一旦过分依恋拴在别人身上的那根"绳子"，只会迷失幸福的方向。所以，我们只有学会坚强，学会独立，才能掌控自己的幸福，才能掌握"遥控器"。

　　要记住：你的幸福只掌握在自己的手里，你就是主宰你自己的上帝。

第 三 章

隐 忍 :
痛苦割破了你的心，却掘出了生命的新水源

　　成功者之所以能成为成功者，必须要能承担起
几倍于常人的压力和痛苦。在他产生强烈的改变自
己生活和现状的愿望时，他才能发掘出自己最大的
潜力，最终一步步走向成功。

要敢于把"冷板凳"坐热

古往今来，人们常用"坐冷板凳"来形容一个人受到冷遇，不被人待见。"坐冷板凳"，从某种意义上来讲，也是走入人生低谷的一种表现。如何从低谷中走出来，把"冷板凳"坐热，是每个人都应该学会的本领。

大哲学家尼采在一首诗中写道："有一天有许多话要说的人，常默然地把许多话藏在内心；有一天要点燃闪电火花的人，必须长期做天上的云。"

一个人的能力再强，都必须从最基础的点滴工作做起。没有学会26个英文字母就拼不出完整的单词，更不用说流利地读写句子；数不清楚十个数字就无法做简单的运算，更不用说解决有难度的函数、几何题目。工作中也是一样，没有掌握基础工作岗位的职责，就算是给你董事长的位置，你也依然管不好公司。

宝剑锋自磨砺出，梅花香自苦寒来。"冷板凳"是对人生的历练，一个人想要获得成功，就应该不怕坐"冷板凳"，哪怕受点委屈，经受一些挫折，也不要放弃自己。乐观进取的人懂得自我反省，积极改变自己，也会努力改变别人对自己的看法。

2006年顾晓磊从一所知名大学毕业，去了一家报社当编辑，但是他觉得编辑工作既枯燥又看不到成绩，于是，干了不到半年就辞职了。一直到2008年，顾晓磊辗转反复换了好几份工作，都是做了一段时间就辞掉了。

最后，他终于找到了一份在一家外资企业做外联的工作。晓磊展开拳脚，干得热火朝天，不久也成功地升职加薪了。有时候，上司还会当着公司同事的面，肯定他的想法。但是晓磊还是感觉自己受了冷落。因为有时候即使他的策划上司觉得很好，但却得不到实施。转眼到了2010年，他又有了辞职的念头。

2010年的"五一"假期，顾晓磊回老家看爷爷，心里琢磨着等假期过完就去公司递辞职信另谋发展。

回到家里，他看到年迈的爷爷竟然在看一本养殖方面的书。晓磊好奇地询问爷爷。爷爷告诉他，最近这段时间村子里的养鸡场里的鸡存活率很低，给那些养殖户造成了很大损失，请了县里的专家来看都没有解决问题。他作为"养殖专业户"，又当过村支书，想给大家想想办法。

"这些事情不是该现任的村支书去操心吗？你还管这个干吗？"顾晓磊不解地问道。

爷爷打断了他的话："哪怕是曾经做过这份工作，现在也不能因为不在这个岗位上不管不问。"

顾晓磊却说："现在做个事情真难，没见过你这样把事情往自己身上揽的。"说着说着，就抱怨起了自己在工作上的不顺心。

爷爷毫不客气地说："那是因为你工作不够踏实，心情太浮躁了，没有学会专注去做一件事。"

他对爷爷的说法十分不屑，反驳道："这世道，还没等你坐热板凳，你就被人给炒鱿鱼了。"

爷爷没再说什么，只是专心看着自己的书。一连几天，都是如此。

等到顾晓磊要回城上班的那天，村支书和一帮村民来到家里："老顾，真的是谢谢你，要不是你找到了影响鸡仔存活的原因是饲料，我们还会一直蒙受损失呢。就连那些农业大学毕业的年轻专家都不顶事。还得您这位老将出马呀！"

"现在的年轻人，都有些好高骛远，心气高，又不知道该从小事做起，打好基础，所以还得好好磨练呢！"爷爷对着村支书说着话，眼睛却瞟着顾晓磊。

顾晓磊思量着爷爷的话。回到公司后，他不再抱怨，也不再刻意出风头，一心一意地在自己的岗位上工作着。几个月后，他帮助公司做成了一笔大单，上司对他刮目相看，将出国学习的机会给了他。

诸葛亮说："非淡泊无以明志，非宁静无以致远。"只有把心静下来了，在被别人冷落了之后依然不忘记自我反省的人，才能认识到自己的不足，在挫折中奋进向前，哪怕吃点苦，受点委屈，最后也一定能够苦尽甘来。

其实在受到冷遇的时候，最关键的是能保持好心态，能坚持去把事情做出色。很多人在刚刚坐上"冷板凳"的时候还能坚持一段时间，但是时间一长，就放弃了。这样的人，成功对于他们来说是遥遥无期的。能把"冷板凳"坐热，也是一种功夫，它能考验一个人多方面的素养。

那么，我们该如何把"冷板凳"坐热呢？

1. 要有一种谦虚的态度

为什么坐"冷板凳"的人是你不是别人？说明你肯定在某些方面做得不够好，所以，应该虚心地向比你优秀的人学习，找到自己的缺点，并且尽最大努力去改正。一个人坐"冷板凳"本来就会使周围的很多人疏离他，如果还一味地高傲或孤芳自赏的话，你的同伴会越来越少，最终你只能孤独地把"冷板凳坐穿"。

2. 要注重提升自己的能力

大部分人遭到冷遇或是挫折，会有两种反应，要么抱怨他人，要么自暴自弃。这两种心态都不正确。前者让你在孤傲的道路上越走越远，后者是对自己不负责任。哪怕自己做的事情并不那么重要，哪怕自己做得再认真再努力别人都看不到，我们也要有许三多的精神"不抛弃，不放弃"，就像他在默默无闻的三班，别人都放弃自己的时候，他还在努力每天想着做一点事情。事实上，即使是你坐上了"冷板凳"，还是有很多双眼睛盯着你。如果你做得不好，别人就会有更多正当的理由说你是因为敷衍的做事态度才会有今天坐"冷板凳"的下场。而如果你在坐"冷板凳"的时候还不忘提高自己的能力，把让你难堪的事情化为你做事情的动力，只要你做出成绩，必然就会有人正眼看你，还可能会后悔以前没有看到你的出众。

有时候，成功并不像我们想象中的那么难，如果我们能在"冷板凳"上把目光放长远一些，不去理会他人对自己的态度，用行动来证明自己的能力，这样即使遭受冷遇，我们依然能保持良好的心态，哪怕遭受挫折和困难，我们也能克服，把"冷板凳"当成我们成功的跳板吧！只要能从这上面站起来，一定有更美好的明天等着我们。

羞辱就像一把利剑，帮助我们突破自我

人的很多本性只有在遭受巨大打击和刺激的情况下才会显露出来。比如说受到他人的讥讽和嘲笑、或者自己的做事能力不如他人被领导批评，这时，人的内心就会有一种耻辱感，这种耻辱感会产生新的动力，让人用尽全力去做以前不曾做到的事情。

通常情况下，贫穷带给我们的是肉体上的痛苦，而耻辱带给我们更多的是精神上的折磨。在生活中，每个人或多或少经历过一些被为视为耻辱的事。它好像扎进肉里的刺，轻轻地碰一下都会让人疼得倒吸一口气。但耻辱也并不是一点好处都没有，那些熟悉并且懂得利用它的人会发现：它就像一把双刃剑，挑战与机遇并存，障碍和锻炼同在。

曾经看到过一幅很有意思的对联：你无法改变天气，却可以改变心情；你无法控制别人，但能够掌握自己，横批是：操之在我。意思是说要把负面的情绪升华为奋斗的动力。人是个很奇怪的动物，在受到羞辱之后，会激发起图强的决心和勇气，重新认识自己，重新回顾自己以前犯下的错误。成功者之所以能成为成功者，必须要能承担起几倍于常人的压力和痛苦。当一个人产生强烈的改变自己生活和现状的愿望时，他才能发掘出自己最大的潜力，最终一步步走向成功。有句话说："感谢你的敌人，他们也让你成长。"这句话不无道理，通常那些让你感受到羞辱的人，会最大限度地激发出你的潜能，使你更快地向成功靠拢，即便这根本就不是他们的意图所在。所以说，想要"报复"你的敌人，不是拿刀子杀了他，而是用自己的成功证明他当初的错误和失败。越王勾践就是这么做的。

　　勾践被夫差打败后，不仅丢了王位，还沦为夫差的仆人，夫差经常让勾践做一些很低贱的事情，想借此羞辱他，但是勾践表面似乎并不在意，一直默默忍受着。有一次夫差生病，勾践为了麻痹夫差竟主动要求亲口尝夫差所拉的粪便。此举让夫差既惊讶，又感动。勾践正是这样忍辱负重，牺牲自己的尊严，让夫差放松了戒备之心。他经过"十年生聚，十年教训"的艰难奋斗和悉心准备，一举灭掉吴国，成为春秋时期的最后一位霸主。

　　那些遭受羞辱的人，肯定是有不足的地方，因为一次羞辱让自己明白自身的不足，然后奋发图强，积蓄能量，做出常人不能做到的事情，那么羞辱也就没有白白忍受了。

　　一般人想到羞辱，就觉得它是让人难以忍受的。殊不知，正因为难以忍受，所以必须要洗刷曾经的不光彩，否则以后就很难再挺起腰杆了。这种强烈的欲望，往往会成为我们奋斗的动力。如果奋斗成功了，那么耻辱就被抵消，我们也可以扬眉吐气。当我们再次起帆远航时，曾经经历的耻辱，露出了海面的礁石，能让我们吸取经验和教训，规避不必要的失误。

　　加拿大工学院是一所闻名于世界的著名学府。这所学校有一个与众不同又让人十分惊异的习惯，那就是当每一届的工学院学生毕业的时候，除了颁发毕业证以外，学院还会给他们发一枚钢制戒指。

　　这种戒指的来历同样让人感到诧异，他们是用一座倒塌了的桥梁的钢材制作的。

　　原来，曾经有一位从加拿大工学院毕业的工程师，接受了一座大型桥梁的设计工作，结果设计出现失误，桥梁在交付使用不久就倒塌了。政府和地方蒙受了巨大的经济损失，社会上对桥梁的设计人骂声不绝。加拿大工学院的名誉也因此受到了极大的损害。

为了吸取这个惨痛的教训，学校的领导决定买下桥梁的所有钢材，制作"耻辱之戒"，以便让后来的毕业生更努力地工作，不断提高自己的技术水平。

这种铭记耻辱的做法实际是非常智慧的，它激励了成千上万的学子奋发努力，为自己和母校争得荣誉。

化耻辱为动力，是通过对曾经的难堪和失败的强调，逼迫人们正视内心的脆弱和胆怯，从而使人们变得勇敢起来。当我们把耻辱化为动力后，才可能从伤痛中挺立起来，进入一种豁达的境界；对于那些曾施加耻辱给我们的人，我们也可能会释怀。

无数事实表明，成功不是唾手可得的，凡是心浮气躁的人是很难成就一番大事业的。但凡成功者，肯定都有一颗坚忍的心，这颗心足以抵挡外界对自己的一切羞辱和不屑，能够摒弃对自己不利的浮躁情绪。他们往往都会为了最后的胜利，忍常人无法忍受的事情，做常人做不到的事情，他们会默默地积蓄力量，以坚韧不拔的精神，在任何的尴尬和艰难中都能冷静地审时度势，默默地等待时机，以达到最终的目标。

将批评当作自我成长的"添加剂"

俗话说："人非圣贤，孰能无过？"可是，没有人喜欢被批评，无论是私底下或者是公开场合，被别人批评总是一件令人难堪和没面子的事。面对别人批评指责的时候，有几个人能真正地微笑着接受并改过呢？或许我们年轻气盛，或许我们自信满满，工作时做错事，就会千方百计地找借口为自己辩解、推脱责任，甚者还会不服气地顶上几句。有位哲人说过：一个人犯了错并不可怕，可怕的是不敢承认错误。所以，我们干脆就认错吧，不是自己的错又如何？被别人批评又如何？我们要把批评当镜子，这样才能发现自己的缺点及错误。只有敢于正视自身缺陷的人，才能离成功越来越近。

别人的批评就像那只追在自己后面的狗，一旦你在它们面前暴露出胆怯害怕的弱点，它们就会穷追猛赶，变本加厉地凶悍起来；但如果面对批评毫无畏惧，立刻转身相对，正视自己的过错，它们便会销声匿迹。所以，对待他人的批评，最好的办法不是逃避，而是勇敢地面对，有则改之，无则加勉。

艾列克在大学主修音乐，每天练习超过 8 小时，同学们对他这种对音乐的执著感到相当佩服；由于在校期间成绩相当优异，毕业后，艾列克如愿以偿地申请到了奖学金继续深造。

过了一段时间，艾列克的大学同学偶然在路上遇见他，发现他整个人都变了，从以往的神采飞扬，变得十分低沉消极。

原来，艾列克虽然申请到最好的音乐学院的奖学金，但是只读了 8 个月就辍学了。他之所以会辍学，主要原因是音乐学校的环境和大学不同，听他演奏的对象不再是一般人，而是拥有专业音乐素养的精英，同时他还得接受各种不同的批评。

这些批评有的很中肯，有的却是恶意中伤。艾列克没有办法承受这种批评，于是他开始一蹶不振。

艾列克非常沮丧，不管亲朋好友如何劝导，都无法让他释怀。后来，艾列克决定回大学去拿教育学位，改行当音乐老师，但是因为他已经对音乐失去了信心，所以当了老师，却对音乐失去了原有的热衷，慢慢地放弃了原本深爱的音乐。

由于不能接受批评，艾列克放弃了自己的音乐梦想，像他这样因为无法接受批评而放弃自己梦想的人不在少数。可是，世界上怎么会有不被批评的人呢？很多人认为，世界上绝对不存在没有被人非议过的人，因为就算是沉默的人也会受到非议，所以，别人批评是很正常的事情。每个人在得到别人的夸奖时肯定都很高兴，这是人之常情。如果我们一旦被批评就无心投入到工作中，甚至是意志消沉，最终伤害的还是自己。

其实，凡是有远见的人都会把批评自己的人，当成自己的贵人，把他们奉为上宾，才能在批评声中更上一层楼。倘若一旦听到有人说自己的缺点、坏话，或恶意中伤，就马上去追查、诅咒，甚至报复，这样也未免太感情用事了。所以，我们要做的就是让自己变得坚强，只有内心变得强大了，才不会轻易被别人的话扎伤。"坏话"的内容，通常是一针见血地说中了你的要害，如果你撕破脸皮，也许还会有更多的伤害，我们要冷静下来，既然别人能够有机会批评你，他们的话可以伤中你的要害，那么你要承认，在某些方面确实有被人可抓的"小辫子"，你还不够完美，不妨大度一些，想开点，不要在痛苦挣扎，勇敢地承认又有何妨。

"旁观者清，当局者迷"，有时我们还应感谢骂我们的人，因为通过反思他们的批评，我们可以看清自己的不足和失误，从而不断完善自己。别人看我们，常常比自己看得更加清楚。为了充分了解自己，我们往往需要从别人那里得到对我们行为的反馈。聪明的人懂得主动去寻求别人对自己行为的看法，即使是让人并不舒服的批评。

　　有一位推销员，当他向别人推销商品时，总会请对方给自己提意见。

　　他做香皂的推销，但是订单很少，再这样下去，他即将面临失业。他反复思考自己工作的每一个环节：产品质量不错、价格也很合理、之前也有一定的品牌效应。按说完成任务应该不成问题，究竟是什么地方不对？思前想后，他觉得是工作方法欠妥。

　　想通了这一点，以后每次推销失败，他都会自我反省一番：是我没有把产品介绍清楚，还是热情不够，没有打动商家？如果实在想不明白，他就会原路返回，去询问那位和自己洽谈业务的人员：请你给我一点意见，告诉我，我有什么地方做得不好？

　　商家们经常会被他诚恳的态度打动，他也因此积累了许多销售的经验。后来这位销售员成为高露洁公司的总裁，他就是立特先生。

面对批评，正确的态度应是把被别人骂看成是合乎自然的事情。人活着总会遇到各种困境，困难是客观存在的，是生活必不可少的一部分；不要想着事事都顺心如意，那只是一种梦想罢了。对待别人的辱骂，我们一定要有抵御能力，要沉得住气。

聪明的人往往都有自知之明，他们肯承认自己不是一个十全十美的人，因为人无完人，每个人多少都会有些缺陷。因此，我们应该正视自己的缺陷，坦然接受这些现实，而不应该再逃避躲闪。相信很多人都知道这种现象：有些人或许长得不漂亮，没有自信。比如，牙齿长得不好，手有问题等。你发现没有，当这些人越是极力想要掩饰自己的不足时，别人就越会清楚地看到。因为他的一个动作，就让别人很是好奇从而特别去观察。所以，我们应该正视自己的缺点，这样别人才不会老抓着你的缺点不放。

生活中的批评并不能一概而论，长辈的批评大多是一种善意的鞭策和鼓励，希望能通过指出你的不足，让你少走弯路，及时改正，更快地进步；如果我们把批评当作一个人精益求精的动力，那么我们就会主动请求别人的批评，并且在这个过程中培养自己的宽容心态。

别人批评你的时候，最好的对待方式就是在自己心里留下一些检验的空间，留一点缓冲的余地，随时调整自己。面对困境不被他人理解时，重要的不是事情本身，而是我们处理它的方法和态度。只要我们生活在阳光里，我们就不用担心会陷身在别人骂你的阴影里。培养自己接受批评的习惯，意味着你能用一种更博大的胸襟面对世事，在他人的批评中不断完善自己，获取进步。

忍耐是痛苦的，但它的结果却很甜蜜

"遇事要有耐心"我们常常听到父母这样教导自己的子女，老师这样教育自己的学生，就连老总跟员工讲话时也这么说。但这句话说起来很容易，真正要付诸行动就显得没那么轻松了。因为"有耐心"听起来好像是对人的约束和惩罚，很多人并不愿意接受。

然而，真正有耐心的人不会觉得这样做像有人在后面威逼自己，指挥自己去做这做那一样，而是会觉得有一股无形的力量从旁提点、鼓励和推动自己去攀登成功的高峰。

心理学上有一种说法叫"延迟满足"，正好揭示了忍耐的真谛。"延迟满足"的意思是人们甘愿为更有价值的长远结果放弃某些眼前能够吸引自己的东西，在等待中展示出来的自制力，从而获得比之前多得多的利益。

美国心理学家曾做过一个关于"延迟满足"的试验。

他们在美国得克萨斯州的一个镇小学的校园里，组织了八名学生参加这次试验。学生被老师带到一个空教室，然后由一个陌生人进来给他们每人发了一颗糖果。糖果包装精美，稍微不能抵挡住诱惑的人，就会迅速拆开吃掉。

但是试验的要求与常态正好相反，陌生人提醒学生们：糖果你们随时可以吃，但是如果能坚持到我回来的时候再吃，我会给你们另外的奖励。

四十分钟后，陌生人回到教室，他发现有四个孩子忍不住吃掉了糖果，另外四个孩子则坚持等待他另外的奖励。

这个心理研究室对这八名学生做了长达 20 年的跟踪调研。最后得出一个结论：能够不被眼前的诱惑吸引，推迟满足自己愿望的学生，能够在学习、生活中胜人一筹。因为他们有常人不具备的心理素质——忍耐力。这种素质使他们更坚定地努力，不达目标誓不罢休。

大多数时候，因为各种原因，我们的一些愿望并不能马上实现，为了实现它，我们需要长久地付出和忍耐，中国有句古语："天时、地利、人和，三者不得，虽胜有殃。"只有在各方面条件都准备充足的情况下，成功才能真正属于我们。

生活中，有很多事情会突然发生，阻碍我们，所以坚持到底四个字并不像说起来那么容易。在追求成功的路上，遇到突发事件时，缺乏耐心的人会给自己找借口，也许那些借口听起来十分合理，会让你暂时从困难面前躲开，获得一时的轻松，但却是我们实现理想和目标的道路上的绊脚石。想要达到成功的目标，我们必须要有充足的耐心，要有坚持到底的精神。

李安因为《卧虎藏龙》这部电影成为家喻户晓的名导演。很多人看到的是他走上领奖台时的风光无限，却不知道他为了实现自己的事业理想，多年来默默无闻地奋斗，从未放弃。

很多人都梦想着进入好莱坞发展自己的演绎事业。李安也将此作为自己的奋斗目标。从他在伊利诺大学攻读戏剧开始，就表现出了对编导工作的浓厚兴趣，他精心准备的毕业作品，还获得过当年的最佳作品奖。当然，这离他想要的成功还很远。

　　后来他遇到一家经纪人公司，对方承诺将他包装打入好莱坞市场，这让李安喜出望外。但是这个世界上又怎么会有"天上掉馅饼"的事情呢？李安很快发现自己被蒙骗了，于是他只好又回头来，继续写剧本。

　　这样一写就是六年，人生能有几个六年呢？幸运的是，李安的六年忍耐和付出终于有了回报。1991年他导演的电影《推手》放映后收到了极大的好评。获得了1992年亚太影展最佳影片奖。这对李安来说，是一个莫大的肯定。当记者采访他时，他说："六年不是一段很短的时间，如果不是有超强的忍耐力，有坚定的信念支撑我，我早就已经消沉了。"

　　李安用他的亲身经历告诉千万个想成功的年轻人：当我们在身处逆境，甚至是经受痛楚的时候，千万不要表现得焦躁不安、惊慌失措或是盲目挣扎，我们要有耐心，有信心才能守得云开见月明。

　　对于在困境中的人们来说，奔向成功的日子就像是黎明前的黑暗一样，总是特别的难熬。他们非常焦虑，希望能尽快从困难的阴影里走出来，获得成功。于是，没有耐心的人这个时候往往显得有些按耐不住。身处困难困境时，也是最需要忍耐的时候。这时候，成功似乎遥不可及，但如果你能坚持住，并且愿意为它长时间地忍耐，你一定会等到"夜尽天明"。

　　要想让自己耐心地等待天明，有很多的方法：

1. 确定目标时一定要根据自身的能力来安排

　　如果一个经过训练也只能举起50公斤的运动员，你要他举起100公斤，那就超出了他的能力，即便他有再好的耐心，坚持按照教练的要求来训练，最后成功还是会与他无缘，曾经的努力也只能是白费。

2. 我们应该尽量选择自己感兴趣的事情

　　"兴趣是最好的老师"，值得注意的是：喜欢一件事情和把喜欢的事情坚持下去是两回事，喜欢是随心所欲的，想做就做，想放弃就放弃，但坚持则需要有可达的目标，要有很大的耐性和抵挡诱惑的能力。将自己喜欢做的事情坚持下去并且做出成绩来，要比绞尽脑汁去做一件自己不喜欢的事情要轻松容易得多。

3. 有耐心并不是说消极地等待

守株待兔的那位农民很有耐心，但是他忘却了自己的本职工作，违背了自然界的普遍规律，即便在树桩旁守候几百年，捡到兔子的概率都几乎为零。耐心指的是我们在还没有获得成功时，为了达到成功的目的，必须做好充分的准备：时间上的准备和精力上的准备。这个过程可能很漫长，更重要的是，在这个过程中，我们必须周密部署，不懈努力，提高自己解决困难的能力，这样才能有所获有所得。

在成功的道路上，如果你没有耐心去等待成功的到来，你就只好用一生的耐心去面对失败。如果你希望有所建树，就记住这句格言："凡值得着手去做的就值得做完。若不值得完成，为什么要开始做呢？聪明的猎人不仅跟踪猎物，重要的是他们会最终抓获猎物。"

受害者没有权利让不幸蔓延

生活中有一类人，当他们遭遇到某种不幸，或者遇到自以为不公正的待遇时，情绪就会变得相当恶劣，常常会向周围的人或物发泄自己的情绪。其实，从个人修养方面来看，这是一种非常不好的习惯。虽然有人会包容你，但是那些人都是爱你的人，你要知道，不是所有的人都以你为中心、绕着你转的，人心都是肉长的，你也要顾及别人的感受。

不顾场合，不管他人感受，就将怒气发泄出来是非常愚蠢的。俗话说："冲动是魔鬼。"愤怒和暴躁不仅使你伤害你所爱的人，也是一种自我伤害。当你对他人暴跳如雷的时候，你自己也同样受到刺激，这简直就是自寻烦恼。很多人也许没有经历过愤怒到极点的体验，那种感觉就像是火山爆发时岩浆急剧喷发出来，而且一旦喷涌就无法控制。大多数人在愤怒的时候会有反常的行为，说话也会口不择言，而且事后往往都会后悔。无数事实证明，生气发怒，不仅仅伤害自己的身心和家庭，还会破坏周围人的生活。

2002 年夏天的一个晚上，在武汉市的某个小区的门口，曹某因为电费的事情与物业发生了争执，他因为出差很长时间，电费没有在规定时间内缴纳，所以被拉闸断电了。

武汉的天气十分炎热，哪怕到了晚上，也处处涌动着热浪，没有空调或者电风扇，晚上根本就睡不好觉。然而因为营业网点已关门，电费无法补缴，曹某家的电也无法接通。

他非常愤怒，物业向他解释，他也听不进去，最后竟然举起石头砸坏了变压器，致使当地数千户人家都断电。后来电力部门奋力抢修，依然引发了几位老人中暑，一个小孩上楼梯时摔跤被送往医院急救。

事后，曹某被带到公安局，在警察审讯时，他承认自己一时愤怒，太过冲动引发了惨重后果，给他人生活也造成了影响。

中国有句古话，"己所不欲，勿施于人"。无论遭遇了怎样的不幸，任何人都没有权利向无辜的人发泄怒气，这对他们来说是不公平的。当我们遭遇不幸时，胡乱向无辜的人发泄不满，可能会使对方也产生恶劣的情绪，甚至又会把这种情绪传递给别人。

心理学上著名的"踢猫效应"说的就是这种现象。一个员工在公司里被领导批评，他憋了一肚子气，回到家里对老婆发了一顿脾气。老婆很生气，对儿子说话没好气，毫无理由地批评了儿子；儿子莫名其妙被批评，十分窝火，看到脚下的猫"喵喵"叫，就狠狠地踢了猫一脚。猫该是有多冤枉，它根本就不知道自己挨揍的原因，又不会说话，只能痛得"喵喵"叫，乱咬屋子里的东西发泄。

一个人把自己的快乐告诉另外的人，快乐就是两个人的甚至是更多人的，但人的坏情绪也会用这样的方式传递，甚至影响力会更强大。为了避免一些不必要的烦恼和麻烦，每个人都应该学会控制自己的情绪，不把脾气和怒火发泄在他人身上。

要主宰自己，就应该严格要求自己。就好比在马路上行驶的车辆一样，必须遵守交通规则，不然就很容易发生交通事故。在人生路上，每个人都应该把握好自己的方向盘，控制自己的行为，一旦缺乏自制力，就相当于失去了方向盘和刹车，就必然会"犯规"或"扣分"，甚至"撞车""翻车"。

人难免会遇到一些烦心事。愤怒或者悲伤积压在心头，对我们的心理健康不利，如果这些情绪能够在不危害社会和不影响他人的情况下合理宣泄出来，那是最好不过了。

其实，发泄情绪的方法有很多。德国的军队有一条军纪：遇到有不满的事情，不许当场发作，最少要忍过一晚，等心情平静下来后，再提出讨论。这样一来，那些不满的人首先能冷静下来，然后可以全面地思考问题。很多人都有类似的经历：本来让我们特别愤怒的事，如果当时没有机会发泄，过了一段时间，再回头看，那种怒气已经变小，或者完全消失了，甚至在回想时，还会为自己当时的愤怒和冲动感到不解。"忍耐的效果往往超过愤怒。"这是法国作家拉封丹在他的《寓言集》里提出的一个观点。他说的忍耐并不是麻木不仁和毫无原则地迁就，而是一种理性的机智。

除此之外，我们要努力把自己训练成为一个心胸宽广、品德高尚的人。学会包容和体谅别人，即便是遇到让人很愤怒的事情，也要多从对方的角度去思考问题，世界上没有迈不过去的坎儿，也没有消不了的恨。不需要把自己的不好情绪宣泄在他人身上，导致两败俱伤。

现代人的生活、工作压力大。有些人找不到合理的途径宣泄，于是就将怒火波及到同事、朋友和身边最亲密的亲人。这种方式对身边的人很不公平，每个人都有自己的烦心事，谁都没有义务成为你抱怨的对象。一位职场达人排解压力的方法非常值得借鉴，她说："平时工作压力大，生活工作中很多琐碎的事情都让我精疲力尽，每天忙碌着，也心烦着。这时候，如果有个朋友打来电话，我们聊上几句，我会在电话这头把自己的烦恼说给她听；她再给我讲些趣闻、笑话，我的心情一下子就好了不少。周末休息的时候，不一个人待在家里，而是和朋友出去逛逛街，吃吃饭，看看电影，那些不快乐的事情也会随着心情的放松而烟消云散。"我们也可以通过向他人倾诉以及合理安排自己的休息时间的方式，将心中的烦心事排解出去。这样不会影响自己与他人的关系，有时候甚至还会增进彼此的情感呢。

播下积极的心态，收获快乐的人生

　　生活中，每个人都在乐此不疲地寻找快乐。而快乐的秘密就藏在每个人的心中，我们都具备使自己幸福快乐的资源，只是并不是任何人都掌握了使用这个资源的方法而已。

　　日常生活中，我们会发现，有些人整天神采飞扬的，感觉自己很快乐；有的人却整天愁眉苦脸，觉得自己活得痛苦不堪。有的人，明明没有钱，而且苦难还经常"光顾"他，我们觉得他离幸福很远，但实际上他却时时与快乐相伴；有的人，明明大富大贵，呼风唤雨，我们看他很幸福，可他自己却身在福中不知福，总觉得快乐在跟他玩捉迷藏。追究这种现象的根本原因，就会发现，快不快乐取决于一个人是否具有积极的心态。因为，快乐就藏在每个人自己心里。快乐或不快乐，也就源于我们心灵的选择。

　　老王下岗了，在一家公司做保安，他的妻子卧病在床，他一个人既要工作，还要照顾妻子和孩子，压力非常大。但是每天上班时，同事们都会发现他总是乐呵呵的，不管发生什么事情，他的好心情似乎都不会被影响。

　　有人非常纳闷，就问他："老王，什么事让你这么开心？"

　　回答这个问题时，老王通常会故意卖个关子，问问是什么事不值得让人开心的。在问话的人列出一箩筐的烦心事后，老王会揭晓他快乐的秘籍："太阳每天都是新的，当你每天早起的时候，摆在你面前的就有两个选择：保持愉快的心情度过这天或者被周围的琐事打扰，伤心地度过这一天。愉快的心情自然比沉重的心情要好，所以，我选择前者。那么这一天中不管发生了什么事情，我都会告诉自己：要看到好的一面，要乐观积极。"

听完老王的话，同事们豁然开朗。

老王的快乐秘籍也越传越远。

的确，人生快不快乐，取决于自己的心理状态，和外在的因素实在是没有太大的关联。快乐就是一种心态，一种生活的态度，它并不在于你是谁，你拥有什么，或者你处于何种地位、在做些什么事情。只要你肯播下一种积极的心态，收获一种豁达的人生态度，在挫折面前多坚持一步路、一分钟，也许再睁开眼睛，你就会发现自己已经站在快乐的大门前了。

可能我们没有过多的物质基础，可能我们会遇人不淑，可能我们已经不再年轻美丽，但是我们能拥有快乐的心境，我们可以用乐观的眼光看待生活的另一面，让自己享受快乐，因为快乐从"心"开始！

一个社区有这样一对夫妻，丈夫下岗，妻子是个残疾人，腿脚不便，他们每天早晨会推着一个小车子出来卖油条，用不多的收入维持一家五口人的生活。

但是困难的生活并没有把他们打倒，相反我们能从他们的生活中看到快乐的阳光。他们的家很小，但充满了花香，虽然他们没有钱去花店买玫瑰，但是茉莉、栀子，甚至是辣椒花，也是点缀这个家的法宝。每天傍晚，屋子里还会响起收音机里悠扬的歌声，夫妻两人会拉手在地上转圈跳几支舞，而这时候屋子里就充满了欢声笑语。

终于有一天，有人鼓起勇气问他们："为什么每天都这么开心？"

男的说："我们没有办法赚更多的钱，但我们可以改变自己的心态。"

女的说："我已经失去了健康的身体，怎么能再失去快乐的心灵呢。"

拿破仑说："人积极的心态，能帮你获得财富、成功、幸福和健康的力量；而消极心态会剥夺一切生活有意义的东西。在我们的人生旅途中，总会遇到各种各样不称心的人和不如意的事。如果你有一种快乐而又自信的好习惯，结果肯定是出人意料的。当一个人的内心足够强大，获取快乐的决心足够坚决时，外界的环境就不会影响我们内心对快乐的追求。

除了在内心坚持凡事选择积极乐观的一面，是我们拥有快乐的良方以外，一个人怎样看待自己的拥有，也决定了他是否快乐。人们常说："知足常乐。"我们必须真诚、坦率地面对自己和周围的环境，甚至包括那些不愿意面对的事情。

生活不是少了快乐，而是我们缺少感受。就像暴风雨中飘摇的两朵百合花，一朵只会抱怨风雨太大，不懂得怜香惜玉；而另一朵则会感谢大自然给自己一次经历风雨，磨练成才的机会。感受不同，对待事情的态度就不同，看到的世界自然也会不同。所以，在每一个开心或不开心的日子里，都应该时刻提醒自己：人该满足的是自己的心，而不是欲望。

如果我们能对自己说，"快乐就是自己的事，与别人无关，与金钱无关，与任何外界因素都无关"，那么我们就能从自己内心深处，产生对快乐的渴求。当我们把握了自己的心，也就握住了快乐的根。

第四章

低　调：

豁达是一座舒心桥，有些事不是我们想的那样

>>>>

　　诗人鲁藜曾说："把自己当作泥土吧，老是把自己当作珍珠，就时时有被埋没的痛苦。"生活中，做一个心胸宽广、豁达大度的人，多一分理解和谦让，就会减少很多不必要的麻烦和纷争，就会少走很多弯路，免受很多伤痛。心宽了，路才会宽，才能走得更远。

别为小事执著，要学会谦让

俗话说："径路窄处，留一步于人行，滋味浓处，减三分让人尝。"这就是谦让。谦让不但是一种美德，还是一种做人的境界。谦让，虽然有时候会让我们做出一些"自我牺牲"，但是谦让使我们学会了如何生活，如何生存，如何去处理感情。只有这样，我们才能慢慢领悟到"谦让也是福"这个道理。

相信我们从小就听说过孔融让梨的故事，它教育了我们一代又一代的中国人。但是，有些"我是天下第一名"的个人主义者恐怕是很难学会谦让的，因为这些人只想要"人人为我"，却不想"我为人人"，这些人成天只顾着拨弄自己的"小算盘"，恨不得把一切荣誉与成绩都归在自己的身上。但是，他们恐怕已经把"世界很大我很小"的观念抛到脑后了，恐怕忘记了只有芸芸众生的共同力量才会支撑起这个庞大的社会。

我们生活在这个拥挤的地球上，可谓是低头不见抬头见，很多磕磕碰碰、鸡毛蒜皮的事情都是在所难免的，没有必要为了一点名利闹得鸡飞蛋打、势不两立。想开一些，人生短短几十年，很多东西生不带来、死不带走，而有些人能同在一起也算是一种缘分，有什么必要让大家都闹得不愉快呢？俗话说："让三分心平气和，退一步海阔天空。"人与人之间相处，就贵在谦和礼让上，没有了这些谦让，我们的世界不知道还会变成什么样子。

"一纸书来只为墙，让他三尺又何妨。万里长城今犹在，不见当年秦始皇。"这首诗的由来想必很多人都知道，说的是康熙年间，在安徽的桐城县发生的一件非常轰动的事情，那就是当朝宰相张英的家人与桐城名医叶天士家为了一堵墙打官司。张家管家给京城的张宰相写信，而官司却因张宰相给自己管家的这首诗"千里修书只为墙，让他三尺又何妨？万里长城今犹在，不见当年秦始皇"，而促使两家握手言和，各自将自家墙后移三尺。于是张、叶两家之间就形成了一条百来米长六尺宽的巷子，被称为"六尺巷"，成就了一段佳话。

在这个故事中，想想张、叶两家要打的官司，的确能让人们为叶家捏把汗。如果真的要打官司，不用想，也是张家赢，要知道，张家是深受康熙皇帝信任的宰相，而叶家不过是一个医药世家；就事情本身来说，张家按地契位置砌墙，根本算不上恃强霸占，如果张英不是个懂得谦让的人，向地方官吏打个招呼，要他们"酌情办理"或者"按律处置"，那些地方官吏为了巴结宰相，肯定会心领神会。

但是张英并没有以强凌弱，而是采取了以仁爱待人的姿态与邻和睦相处，用谦让的态度使两堵冷墙之间有了温度。这种做法不仅在当时，就是在今天也是很有启示意义的。特别是某些仗势欺人、以强凌弱、横行乡里、巧取豪夺的人，难道不感到羞愧吗？

有很多不懂得谦让的人都在问一个问题："谦让有什么好处，我谦让别人，别人能谦让我吗？"其实，学会谦让才真是一种大智慧。

古人言："富润屋，德润身。"那些富贵钱财通常只能装扮人的外表，只有道德品质才能修饰人的内心。在我们看来，谦让就像一面镜子，它不但可以照出一个人的修养、道德，还可以折射出社会文明的程度。

总之，在生活中，人与人之间的交往难免会发生矛盾与摩擦。当人与人之间有些小碰撞的时候，我们可以多为对方考虑一下、多一点谦让，就不会闹得不可开交。当别人冲撞你的时候，如果你用谦让的态度去面对他，那么你就能得到他们的理解和拥戴。当我们在遇到困难的时候，那些被你谦让过的人还会伸出无私的援助之手，这就是对你谦让别人的最大回报。

一个真正懂得如何生活的人，无论是遇到多大的困难，心中总有一泓谦让的清泉，他们能做到以情为重，失礼认错，得理让人。因为他们知道，只有谦让，才能让心灵更加美丽，才能营造出和谐的人际关系，才能构筑出最温暖和谐的工作环境。

当然，谦让并不意味着软弱可欺，不代表当我们面对委屈、误解、甚至凌辱的时候还表现得无动于衷；真正的谦让是在不伤害别人或危及社会的情况下，做出一些合理的让步，但是对于那些没有任何道理的、存在伤害的对峙，我们坚决不谦让。

在生活之中，如果我们每个人都能做到心胸宽广、豁达大度，都能多一分理解和谦让，就会减少很多不必要的纷争和麻烦。人其实就是这样，心宽了，路才会宽，走得才会更远。

放下"身架"，才能提高"身价"

当官的有架子，做富人的有架子，做名人的有架子，当学者的有架子，甚至一些特殊的行业也有他们不同的"架子"。那么，什么是架子呢？按词语本身来讲，就是一种器物的支架。而现在则用来比喻某些人显示在外的气派、排场等，也有比喻人们骄傲自大、装腔作势。这些有架子的人，往往都会固步自封，让人越来越讨厌，最后，他的路子也越来越窄。所以想要拥有更广阔的天地，就要放下自己的架子，做一个"低头"的人。

古希腊哲学家苏格拉底曾经说过，天地之间的距离只有三尺，所以，凡是身高超过三尺的人，如果想要顶天立地的话，就要懂得低下头来。生活中那些谦让而豁达的人总是拥有非常多的朋友，就是因为他们乐于低下自己的头颅，友善地对待身边的每一个人。相反，有些妄自尊大、自以为是的人，什么事情都想要自己露一手，觉得自己什么都能干，因而对别人不屑一顾，他们唯心地认为，在这个世界上，只有他们才是最优秀的。因此，每当涉及利益时，他都会采取"当仁不让"的态度，这样的人是贪得无厌的，到最后只会受到人们的鄙视和唾弃。

富兰克林从小就聪明勤奋，并且智力超群，很多人认为，这样优秀的孩子难免会骄傲自满，成不了什么大的事业。当然富兰克林曾经也是一个充满傲气的人，但是，他又是怎样从一个充满傲气的青年，转变成一个以谦虚谨慎著称，获得广大美国人民爱戴的伟人的呢？到底是什么事情让富兰克林产生这样大的改变呢？

故事就发生在富兰克林刚刚大学毕业的时候，年轻人血气方刚，充满傲气，富兰克林当然也不例外。有一天，富兰克林的父亲让他拜访自己的一位老朋友，并且告诉他，那位朋友会教他一个终生受用的真理。富兰克林听到父亲这样说，就高兴地答应了。

于是，富兰克林兴冲冲地来到父亲的那位老朋友家里，看到前辈家的房门是敞开着的，而那位前辈正坐在客厅中的沙发上等他。于是富兰克林就赶紧加快步伐，向门内走去。

就在进门的一瞬间，富兰克林的头"砰"的一声，狠狠地撞在了门框上，疼得他眼泪都掉出来了。他用手捂住头，抬头看着那扇低矮的门。

这位长辈坐在椅子上，微笑地看了他一会儿，然后说："很痛是吗？这就是今天我要教给你的真理，它将让你一生受用不尽。那就是：一个人要想平安无事地活在世上，就必须学会'低头'，懂得什么时候需要'低头'。千万不要忘记了。"

富兰克林在以后的生活中，牢牢地记住了那位前辈的教导，并把它列入自己的生活准则之中。

法国哲学家爱罗西法古说："如果你想要的是一个敌人，那么，你就表现得比他优秀吧；如果你要的是朋友，就要让你的朋友表现得比你优越。"这是一个很哲学的道理，人心都是这样，没有谁愿意和一个高高在上的人当朋友，因为如果我们的表现比朋友优越的话，他们就会产生一种自卑感，长期下来就会产生嫉妒的情绪，这对交往是非常不利的，所以，我们一定要放下自己的架子，不要让人有高不可攀的感觉，并且还要学会谦虚，学会低头，这样才能永远受到人们的欢迎。

有一家公司的老板和他的高级主管打赌说："这一年的净利润率是不会超过营业额的8%的，如果超过了，我就去华尔街跳草裙舞。"这个老板没有想到的是，这一年的经营情况竟然异常的好，最后超过了8%，老板不得不履行自己的承诺。

按照承诺的协定，老板必须穿着夏威夷草裙站在华尔街上跳舞。刚开始的时候，这位老板很想敷衍了事，可是等他到了华尔街的时候，却发现这位高级主管早就请了草裙舞舞伴和音乐师，甚至还通知了著名的报纸和电视台的记者，让大家一起来看热闹。到了第二天，各大报纸都刊登了这位老板在华尔街广场上狂舞的照片，员工见到他，都笑得前仰后合。

我们一定会认为，这位老板肯定是威风扫地，再无威信可言。但是，员工对这位大出洋相的老板更加尊敬，公司效益也越来越好。他就是20世纪最伟大的企业家之一、沃尔玛总裁——山姆。他放下自己的架子，换取了轻松高效的企业文化。

雷墨曾说过："低头是需要勇气的。"像沃尔玛的总裁一样，他为了履行自己的诺言，肯定也是需要勇气的，但是在最后他没有让他的员工失望，他选择放下自己的架子，去实现自己的诺言，他赢得了别人对他的尊敬，也赢得了他的事业。的确，只有虚怀若谷的肚量，才有人愿意亲近，才是做事的基础；反过来，如果恃才妄为、高傲自大，就会成了"孤家寡人"，肯定一事难成了。

一个成熟的人，肯定是一个谦虚谨慎的人。谦虚谨慎不但是一种美德，还是一种建立良好人际关系的"法宝"。当我们在"低头"处世的时候，不仅能够保证自己的额头免受伤害，还能让我们赢得世人的尊重。

选择谦逊，就是一种低姿态的伟大

谦逊，是一种美德，也是一种修养。"谦受益，满招损""虚心竹有低头叶，傲骨梅无仰面花"等诸如此类凝聚中国文化哲学的话语比比皆是。的确，在任何一门知识的海洋里，没有一个人敢说自己有足够骄傲的资本，并且也没有资本认为自己已经到达了最高境界而趾高气扬。如果是那样的话，则必将被同行赶上，然后被人狠狠地抛在后面。

懂得感恩的人，往往都具有谦逊之德。盖茨说过："从理论上来讲，谦逊的人，就是懂得感恩的人。"这些人不可能把所有的荣誉和成绩像敛财一样往自己的怀里揣，恰恰相反，他们总是把这些身外物"推"给身后那些曾经帮助过他的人。谦逊的人总是希望通过自己的低姿态，来获得他人的认同和喜爱。

谦逊最重要的一点就是戒掉骄矜，唐太宗曾说过："天下太平了，骄矜奢侈之风自然容易出现，骄矜奢侈则会招致危难灭亡。"那些怀有骄矜之气的人，大都认为自己的能力很强，觉得自己比别人强，喜欢门缝里看人，也很容易钻进死胡同。

《劝忍百箴》中是这样论述骄矜的："金玉满堂，没有谁能永远把守住。富贵而骄奢，结出的只能是恶果一枚。"时下骄矜之气盛行，这是现代人出现的最大问题，一切都是由骄傲自大而生。做领导的过于骄横，肯定不能很好地指挥调配下属；做下属的人过于骄横，肯定不会服从领导，也不会与同事互补；做子女的过于骄矜，就会显得极为自私，孝顺就是不可能的事情。

与骄矜相对的是谦恭、礼让。而谦逊是古今中外各类成功人士的共同特质。

美国第 3 任总统托马斯·杰斐逊先生，曾在 1785 年担任美国的驻法大使。一次，他去法国一位外长的公寓拜访。法国外交长问他："您是不是代替了富兰克林先生？""我只是接替他，没有人能够代替得了富兰克林先生。"杰斐逊认真地回答说。后来，杰斐逊的这一谦逊态度给法国外长的印象深刻。

一位哲学家这样说过：明智者避免自夸，愚蠢者却追求自夸。这句话真的是非常的精辟，的确，明智之人不会自吹自擂，因为他们知道宇宙广大、技艺无穷，哪怕是穷其一生，也无法知悉其中的所有奥秘。一些平庸之人，往往是半瓶水，处于一知半解的状态，以为有一点成绩就开始"响叮当"，还不惜用富丽堂皇的语言美化自己，以赢得那些并不值钱的喝彩。人们尊敬那些谦逊的人是天性使然，而对那些爱慕虚荣和自夸的人自然会有一种排斥感。

想想看，人，在宇宙中是多么的渺小，有什么可骄傲的？如果你能走遍全球，这是很可贵的事情。但是，我们的地球也不过是太阳系中的小成员，而太阳系，在宇宙中不过是颗尘土而已，那么我们有什么可骄傲的呢？在这个未知的宇宙，有多大的时空还在等待人们去探索？有多少真理与智慧等着人们来挖掘？我们所能做的，也就只有"谦逊"二字，我们所能知的，真的只是"惭愧"而已。

哲人说过："成熟的麦穗才会下垂。"一个真正成熟的、有大智慧的人，都深知自己能力的局限，所以丝毫不敢狂妄自大，为人处世永远要懂得保持谦逊与低调。

人外有人，别把自己看得太重

社会就是一个藏龙卧虎的地方，相信，在任何一个地方，都会有一个隐藏着的"高手"。所以，我们在这种"人外有人，天外有天"的社会中，千万不要对自己有太高的评判。

我们经常能看到这样一些人，他们的头颅总是高高昂起的，给人一种盛气凌人的感觉；总以为全天下只有自己是博学多才，满腹经纶；总喜欢别人听他的大论大理。这样的人，一旦人生稍有不如意，就会抱怨这个时代，抱怨这个社会，抱怨他人不如自己却总是过得比自己好。他们之所以抱怨，就是因为把自己看得太重，导致心理失去平衡。所以，我们要学会看轻自己，这并不是消极的心态，而是一种大智慧，因为我们只有学会看轻自己，才能没有负担地踏上人生的征程。

柳阳的专业是投资管理，一次在人才市场上遇到了一位老板，老板说，他们公司虽然不大，但可以给他充分施展个人才华的空间和机会。

这个老板并未食言，柳阳到公司很快就被任命为市场部的副经理，负责客户拓展。这个工作难度较大、也较重。但柳阳没有胆怯，他有上进心，再加上丰富的专业技能，公司的局面渐渐打开了。并且有一段时间，柳阳新拓展的客户就占了公司新增客户总量的一半以上。老板很高兴，时不时拉上柳阳去喝酒。公司有重要的活动，也要把柳阳带上，公司里有些人私下说，柳阳不久就会是市场部经理。

他踌躇满志，老板也越发器重他。这让他越觉得自己对公司很重要，甚至觉得再也无人能与自己相提并论。不久以后，市场部经理离开了公司，但是，老板并没有让柳阳接替那个位置，而是花高薪从一家证券公司挖了一个人过来担任市场部经理。这让柳阳非常愤懑，又不好直接向老板表示不满，便提出要休假。老板考虑了一会儿，同意了。

于是，柳阳带着一丝报复的心理休假去了。他想，要不了两天，公司就乱套了，到那时，老板一定会哭喊着请他回去的。

一个月以后，柳阳回到了公司，公司一切如故。当他去老板办公室销假时，老板放下手中的文件，站起来，笑着问："休假结束了？"柳阳终于明白了一个道理：天使能够飞翔，是因为把自己看得很轻。

任何一个自我感觉良好的人都会是那种"一叶障目，不见森林"的类型，他们往往自视甚高，觉得自己非常出色，而看不到别人的长处与优点，这样很可能把自己带进死胡同。而只有那些学会看轻自己的人，才会时刻做自我否定，不断历练自己。这些人，当面对挑战的时候，会沉着应对；当面对挫折的时候，也能一笑了之。

每个人或多或少都有自己的长处，但我们不能因为这些而陷入盲目自大的状态。只有看轻自己，凡事看淡一些，才会让自己的心态更加平和。只有把自己看轻了，才能明白自己还有很多地方是需要学习的，这样的进步，才能拥有不被人看轻的人生。

诗人鲁藜曾说："把自己当作泥土吧，老是把自己当作珍珠，就时时有被埋没的痛苦。"的确，如果在任何地方都老把自己当作主角，别人不仅不会接受，反而还会嘲笑你。因为这个地球离了谁都一样会转，只有

看轻自己，以平和的心态面对人生的种种，才能踏踏实实地度过自己的
人生。

不久前看到过这样一个笑话：

有一位市长携团考察，上飞机的时候，见旁边有一个空位，
于是就脱了鞋，还解下安全带，将脚搁在那个空椅子上。空姐
见状走过去好言相劝，可是这位市长就是不听，于是空姐拉下
脸不客气了几句。市长觉得自己在部下面前失了面子，就索性
耍横，见空姐无奈，一路上得意扬扬、谈笑风生。可是到了下
机的时候，走出来两个保安，两人一左一右挟了市长便走，这
些部下只能干瞪着眼，最后一行人在机场上滞留了整整一天，
解释、写检查、找关系，最后悻悻而归。

这个故事中的市长先是飞扬跋扈，最后自讨苦吃，为什么会是这样？
这只能告诉人们一个道理，那就是要摆正自己的位置，别把自己看得太重。

每个人都有自己的生活圈子，在你的圈子中，也许你有一定的能力
和才华，并且从一定程度上得到了周围朋友的赏识和尊重，过着"众星
捧月"的日子，但是，你在自己的小圈子里可以，如果在其他地方也摆
出这样的姿态，是非常让人讨厌的。就拿这位市长来说，在你的地盘上，
或许一时你想怎么搁就怎么搁，谁人敢吱半声？但是一旦离开你的地盘，
你就只是一个普通的乘客。更何况，当领导本来更应该注意自己的形象，
要亲民随和，而他却时时处处还摆出盛气凌人的架势，不仅会被人不耻，
还会落下笑柄，就像这位市长，不注意自身修养，不但失了体面，还失
了尊严和人格。所以，我们要摆正自己的位置，别把自己看得太重，因
为别人眼里的你和自己眼中的你，总是有那么一点差别的，那些自我感
觉良好的东西，别人未必认可！

我们应该怎样才能把握好与人相处的分寸？

1. 我们要正确认识自己

俗话说"尺有所短，寸有所长"，即便你在某个方面比别人突出，但在其他方面，很可能也有不如别人的地方。虽然自信是有好处的，但是过于自信就是自负了。我们在欣赏自己的同时，也要记得去欣赏别人。

2. 学习是避免过度自信的一个最好的方式

没有任何人可以说自己什么都会，什么都难不倒，也不要认为自己目前的知识储备就足以应付一切问题而放弃学习。这样做，只能成为固步自封的人，我们只有不断地吸收新知识，才会认识到自己什么地方还有欠缺，才会避免过度自信。

3. 把自己的眼光放远一点

很多人的竞争是在一定的范围内的，这样一来，如果你是胜利者，那么你很可能不知道就在原地踏步了。所以，我们应该将自己的眼光放远，让我们在全社会范围内接受各种各样的挑战。这样就能不断地提醒自己"人外有人，天外有天"，这样才能降低自己的自负程度。

4. 用正确的方法做事

拿自己的长处与别人的短处相比，只会让我们停滞不前；为了让自己前进，我们可以反过来，用自己的短处与别人的长处相比，这样我们才能够看到自己的不足而激励自己不断前进。

每个人都希望得到他人的认可和尊重。如果在任何情况下我们都能"轻视"自己，平等地对待每一个人，礼贤下士，那么你就是一个品位高尚的人，自然能够得到他人的尊重。我们只有尊重别人，才能得到别人的尊重，而"轻视"自己，才能够让别人更看重自己。

任何成功都是过去时

球王贝利在 20 多年的足球生涯里，在上千场比赛中共踢进了 1281 个球，而且他创造了在一场比赛中射进 8 个球的纪录。他超凡的球技让万千观众为之心醉，也让球场上的对手心服口服。曾经，当他的进球纪录满1000 个的时候，有人问过他："您认为您哪个球踢得最好？"贝利笑了，饶有深意地说："下一个。"他的回答含蓄幽默，耐人寻味。

球王贝利的成功，源于他有一种归零的心态。拥有归零心态的人是一个谦虚的人，就像让自己成为一个空器皿，不管曾经装过什么，装得有多满，重新出发时，一定会将以前的辉煌全部忘记，一切重新开始。

有些时候，我们会感觉第一次成功比较容易，第二次却不容易了，原因就是不能让自己忘记第一次的成功，然后站在一个新的起点，重新开始。就像奥运赛场上的跳高比赛，每当运动员跳过了一个高度后，他的下一次目标就会比上次更高，有的人记着之前的高度，所以会感觉提升后的高度要跳过去会很困难，确实，正是因为没有对之前取得的成绩清零，很多人都败在了第二跳、第三跳上，遗憾离场。

如果我们明白了不管自己取得了多么大的成就，它都只能代表过去，你可以让它成为增添信心的动力，但是不能把它当作炫耀的资本。《三国演义》里的关羽，曾经桃园三结义，温酒斩华雄；曾经千里走单骑，过五关斩六将……在人们心目中，他是英雄和仁义的象征，是鼎鼎大名的"关公"。可是，当荆州危急时，他却说："吾自幼习武，何惧之有。"就是这样的过分自信，葬送了他"关云长"的性命，让人惋惜。

看过安徒生童话故事的人都知道，"丑小鸭"通常会被引喻为历经了艰难困苦之后得到了幸福的人。现实中不乏饱经风雨的"丑小鸭"，但是当"丑小鸭"出落成美丽高贵的"白天鹅"时，还能保持一颗平常心却不是人人都能做到的。当我们通过缓缓的故事，触摸到那只不会骄傲的"白天鹅"，透过它温和安静的目光，捕捉到的是如涓涓细流般的舒缓平和的心态，正如安徒生给它的那句评价——它（白天鹅）感到太幸福了，但它一点儿也不骄傲。

俗话说："山外有山，天外有天。"当你在取得成绩后，和以前比你确实是进步了一大截。但是，你只要和别人一比，站在更高的角度看，你会发现，以前的那些所谓的成功其实并不值得骄傲，那只是人生的一个小起点、小驿站。

面对取得的成功，每个人的态度都不一样。

有的人只是微微一笑了之，然后告诉自己前面的路还很长，一时的成就并不能代表什么，唯有走好接下来的路，才是最关键的，因为每一次成功都是前进的一个新起点。

有的人则会被暂时的成就冲昏了头脑，犹自抱着镜子美滋滋地欣赏起来，然后自己的成绩在镜子里一点点被放大，直至满溢整个心灵，便会生出目空一切、盛气凌人的心态。

果园里有一棵橘子树，夏天，橘子树上挂满了乒乓球大小的橘子，它们泛着青色的光泽。每当有人从它面前走过的时候，总会赞叹："这橘子树多好啊！结这么多果子。"

橘子树听到别人的赞美，非常开心，它对左边的桃子树说："你看你，桃子早就被摘完了，哪像我这么讨人喜欢？"又对右边的葡萄树说："你也是的，果子皮那么薄，要人那么费心地照料。"桃树和葡萄树听了它的话，都摇摇头一声不吭。

　　橘子树以为它们是甘拜下风，于是更加骄傲了。当别的果树忙着吸收营养，让果实生长得更快的时候，它却忙着和小鸟聊天。当别的果树忙着赶走害虫，保护自己的果实不被吃掉的时候，它邀请毛毛虫来给自己挠痒痒。

　　很快就到了秋天，果园里的柿子树，苹果树都结满了熟透了的果子，只有这棵橘子树，果子又青又瘪，有的还被害虫咬伤了。管理果园的人看了看这棵树，只好叹了口气，把它砍掉了，改种其他的树苗。

　　听到别人的赞美和肯定的语言，就以为自己很不错，然后得意忘形，忘记了自己本该做好的事情，这样的人，是很难有成就的。

　　每一届的奥运会上，总会有新的项目记录产生，有时候，一些项目记录是被保持者打破，更多的时候则是被后来的选手打破。那些打破自己曾经保持的记录的运动员肯定明白这样一个道理：无论我们取得了多么大的成功，它也只能代表过去，你可以用它证明自己曾经很强，有能力去挑战更高的目标，但是绝对不能固步自封，把它当作停滞不前的理由。

　　很多时候，一个人的失败，是因为他曾经的成功制约了他的发展，过去成功的理由也许是今天失败的原因。想要获得成功，最重要的一点就是要记得随手关上身后的门，学会将过去的成功通通忘记，让自己的心态归零，不使骄傲的情绪成为明天成功的包袱，一切重新开始。

　　想要在人生的道路上不断攀登高峰吗？那就让一切从头再来吧，就像大海一样，把自己放在最低点来容纳百川。哪怕取得了成功，也要让自己多一点谦逊，少一点傲慢，将成功的种子埋在未来的路上，在将来才能收获更丰厚的果实。

学会认输，才能成为最大的赢家

中国人都很爱面子，特别是喜欢在输赢上较真。有些人总是说胜败乃兵家常事，这是因为他们都不是当局者，对于当局者来说成王败寇才是规则。一场战争打赢了谁不高兴？输的一方一定会有人沮丧、失望、伤心，比如说"力拔山兮气盖世"的项羽，在兵败乌江后选择了自刎，那是因为他知道战败被俘的结果，无非是悲惨的余生，反而不如一死清白。李清照也曾这样夸赞过项羽："生当作人杰，死亦为鬼雄。至今思项羽，不肯过江东。"

然而杜牧对项羽自刎乌江却有着不同的看法，他说："胜败兵家事不期，包羞忍耻是男儿；江东子弟多才俊，卷土重来未可知。"如果当时项羽兵败后没有自刎，选择逃往江东，最后赢得天下的还会是刘邦吗？历史没有假设，这真的很难说清了。所以，我们在人生的道路上，一定要从长计议，学会认输。

其实认输并不是一件丢面子的事，适时地认输反而是一种大智大勇的做法。当我们遇到困难和挫折的时候，不得不去面对它们时，很多人都会尽力一搏，虽然这是一种很值得肯定的做法，但也并不是所有的努力都会有好的结果。当事实已经摆在了眼前，当失败已经成为定局，我们要学会低头认输，及时地改变自己的人生轨迹，去争取新的更合适的机遇和时间，这样才能够充分发挥自己的优势，争取更大的胜利。

人们的固定思维中，认输的人都不是好样的，特别是当我们听多了永不言败、百折不挠、坚定不移等词语后，更是没有人会去认同认输的人了。

虽然在生活中不认输的精神很可贵，但是不认输并不适用于任何时候，在很多特殊的背景下，认输才是最佳的选择。只有懂得了低头，懂得了认输，学会认输，才能笑到最后，成为最后的赢家。

　　曾经有一位医术高超的医师，他在第一次高考后不肯认输，又复读了一年，结果第二次高考仍然以失败告终了。两次落榜后，他认真地对父母说："也许我并不是读书的料，所以才总是落榜，如果再继续考下去，我觉得也没有什么好结果。不如就让我认输吧，然后走行医的道路。"经过深思熟虑后，父母同意了他的想法，他开始跟着祖父学习祖传的推拿按摩技术，诊治跌打损伤。几年之后，他顺利地考取了执业医师证，并且在用中医疗法诊治骨伤方面，取得了重大成就。他说："如果没有在高考时认输，也就没有现在我的成就。"如此看来，只有学会认输，才能让我们在人生的旅途中成为最终的赢家。

　　认输就是适时地放弃，放弃那些不合适的才能做出更正确的选择，才会有机会取得其他方面的成功。这样的放弃，为的是得到更多，为的是酝酿新一轮的成功，而绝不是三心二意。

　　学会认输，能让我们不再做没有结果的坚持，能让我们避过没有意义的争论，从而做到以退为进，在转弯后赢得胜利。学会认输，并不是盲目地放弃，而是要认真想清楚每一步。适时地认输并不是懦弱的表现，也不是轻易地做出妥协，因为在生活中任何人都会遭遇失败，如果死不认输只会使自己陷入举步维艰的境地。

　　其实，有些时候认输会让人无法接受，因为在人们固有的认识中，只有弱者才会认输，谁愿意承认自己是个弱者呢？即使有永不言败的信念，但也应该明白有时候这种信念是行不通的，一味地不肯认输，只会让自己失败得更加彻底。

　　有一种生活在亚马孙热带丛林中的蜂鸟，它们有一种家规，即只准前进不准后退。一旦有弱小的蜂鸟向后退缩了，就会遭受其他蜂鸟的攻击，最终被同类活活地啄死。在整个丛林中，所有的动物都不敢欺负这种蜂鸟，因为它们只要有想吃的食物，就一定会得到。

　　在一次森林大火中，烈火燃烧了蜂鸟的大片领地，蜂鸟们悲愤地发出阵阵鸣叫。按照蜂鸟王的指挥，一群群的蜂鸟向烈火中冲去，死在了无情的火中，但是却没有一只蜂鸟临阵退缩。就在蜂鸟群面临灭族时，有一只蜂鸟害怕了，它尝试着退缩，但是却被蜂鸟王发现了。蜂鸟王立即指挥其他蜂鸟攻击了那只退缩的蜂鸟，只是其他蜂鸟却并没有行动，甚至还有一小部分的蜂鸟像那只蜂鸟一样退缩了，蜂鸟王的命令失效了。

　　在那场大火中，蜂鸟几乎受到了灭顶之灾，蜂鸟王和大多数蜂鸟都死在火中，只有当时退缩的那一小部分蜂鸟活了下来，延续了蜂鸟族。如果当时没有那只肯退缩的蜂鸟，如今蜂鸟族也不可能存在了。

　　只有认输才能够保留实力，一位拳王曾经说过："任何拳手都不可能打败所有的对手，而优秀的拳手知道在恰当的回合认输。因为及早认输，下次还有赢的机会；如果逞能，被对手打死或打垮，那么连赢的机会都没有了。"

　　面对压力重重的生活，因为有竞争，所以难免就会有明争暗斗。有时可能会遇到不怀好意的小人，看不得别人过得比自己好，对付这种人，只会使自己变得和对方一样狭隘、不择手段。与其浪费时间和精力做无谓的争斗，还不如早早地认输，远离这些无意义的是非恩怨，保存实力用于正确的地方。

我们要怎样做才是在合适的时间认输呢？

1. 学会认输

应该对面临的形势做出正确的判断。在形势还不明朗的时候，不要轻易地做出选择。如果形势已经变得无力挽救，那就果断地认输吧！就好像拿鸡蛋碰石头，明知道要输，就不要再做无谓的牺牲了。

2. 认输后要尽快恢复正常的心态

当年经济危机爆发时，很多富翁在一夜之间破产，于是出现了一些富翁打工的报道。相信当那些曾经的富翁在深思熟虑后，必然会选择重新再来，而不是一直活在曾经的辉煌中，要认清失败带来的不良影响，并且尽快摆脱，使自己的心态恢复到平常心。

3. 认输后，继续重来

参加围棋比赛的人经常会认输，输了再重来，然后在一次次地认输重来中，积累经验和教训，使自己进入更高的境界中。

认输，是一种清醒而理智的行为，需要有面对失败的勇气，需要能够精确地分析眼前的形势，还需要对下一步做出正确的定位。人生在世，要想成为笑到最后的赢家，就要懂得认输，学会认输。

第 五 章

自　信：
学会了笑对人生，也学会了走自己的路

>>>>

在人生的路途上，我们也许正遭逢挫折与苦难，正默默地忍受着嘲笑与屈辱……这些都不重要，重要的是不轻看自己，活在自己心里，坚定信心，从内心更加看重自己。就算身处逆境，就算被苦难袭扰，也要给自己的人生做好规划，只有掌控自己的人生，才能成就理想中最好的自己，才能驾驭自己的命运，成为苦难中真正的强者。

自我轻视让你变得更单薄

一个人生活在这个世界，不论是想做出一番惊人的成就，或者仅仅想拥有平凡快乐的生活，都离不开心理上的自我肯定，这就是我们所说的自信。

在我们的人生路途中，"相信自己"始终都伴随着我们一路前行。当我们踉踉跄跄跨出人生的第一步时，心中就有能够走下去的自信；当我们咿咿呀呀说出人生的第一句话前，我们的心中就相信自己能够说出来……正是因为我们心中相信自己能够做到，所以我们才有勇气、有能力去付诸实际行动，做自己想做的事情。相反，如果我们总是看轻自己，在心中对自己充满了怀疑与否定，我们就会犹豫不前，让许多机会从身边悄悄溜走。

自我轻视是一种妄自菲薄的消极心理，假如一个人总是看不起自己，总是在心中不断地否定自己，久而久之，就很容易产生一种自我贬低的情绪体验。这样的人总是谨小慎微，不管做什么事情都是小心翼翼的，生怕自己出现什么纰漏。当朋友委托他们去做某些事情的时候，他们总是找出各种借口百般推脱，一方面他们感到自己的能力不足，唯恐把别人的事情办砸了；另一方面，他们又担心别人会因此看不起自己，所以渐渐地养成了敏感多疑的性格。他们之所以会这样谨小慎微，与他们自我轻视的习惯有着重要的联系。

如果一个人总是自我轻视、缺乏自信，渐渐地就会形成一种消极的心理暗示。一遇到事情就会不自觉地告诉自己"我的能力有限""我真的完成不了这项工作"。这样的话说多了，就会相信自己所说的话，渐渐地使自己变得平庸、单薄。这样的自我轻视比来自他人的轻视更能伤害一个人的自信心，它只会让一个人走向自卑的边缘，在生活中不思进取，消极地对待一切事物。

其实，每个人都有自己的独特之处，我们应该为此感到骄傲才对，为什么不学着看重自己呢？相信自己有能力战胜一切艰难险阻，即使承受再强大的苦难，也要立志成为一个自信的成功者！

有这样一位女孩，她的歌声就像夜莺一样优美动听，可是却长着一副龅牙。每一次，当她站在舞台上为大家唱歌的时候，都会因为自己的龅牙而感到自卑。她打心眼里看不起自己，认为自己长相丑陋，是不可能得到大家喜欢的。

后来有一天，她终于鼓起了勇气，决定报名参加电视台主办的歌唱比赛。当她站在舞台的中央，在耀眼的聚光灯下，为了掩饰自己难看的牙齿，她不敢放声歌唱，而且由于她的样子实在太滑稽了，还引得现场观众与评委的连连哄笑。最终，她只有流着泪水走下了舞台。

她以为自己再也不会唱歌了，一个人坐在后台的角落里哭泣着。这时候，有一个人向她走来，他就是刚才评委席上唯一给她掌声的那位。他对她点了点头，然后在她身边坐了下来，微笑着说："我相信你肯定能够成功的，可前提是你不能看轻自己，更不能因为自己的牙齿，而掩盖自己美妙的歌声。"

在这位评委的鼓励和帮助下，女孩的人生迎来了新的曙光。她渐渐地走出了龅牙带给自己的阴影，也不再看轻自己。后来，在一次全国性的歌唱比赛中，她以自己独特的嗓音，以及极富个性化的表演，征服了全场所有的观众和评委。大家都在为她为欢呼、鼓掌，不仅因为她最终脱颖而出，成为了大赢家，更因为她战胜了自己，战胜了苦难。

　　这位女孩就是美国著名的歌唱家卡丝·黛莉。人们记住了她的歌声，也记住了她的龅牙。曾经，她因为自己的牙齿而看轻自己，可是如今牙齿却成了她的一种标志，被歌迷们所热爱并且赞扬着。卡丝·黛莉十分自信地说："面对人生的苦难，我们要有坚定的信心，不能自我轻视。就算上帝没有给你完美的外表，可是一定会给你一颗完美的内心。如果我们将身上的某些不足或者缺陷，看成是自己的独特之处，永远不承认失败，永远不看轻自己，那么人生的舞台上必然会闪耀出你的光芒！"

　　成功的人都具备充足的信心，就算在苦难中也能够乘风破浪、披荆斩棘。只有心中相信自己是雄狮的人，才能拥有王者般的威武强壮。如果一个人总是认为自己不行，认为自己比不上别人或者低人一等，那么他只配做一只弱小无能的老鼠。所以说，不管面对怎样的苦难，我们都应该相信自己，绝对不自我轻视。一个人如果对自己、对未来充满了信心，就拥有了战胜苦难的勇气和力量！

　　每个人在这个世界上都是独一无二的存在。不因某些方面的不足就看不起自己，而应像卡丝·黛莉一样，为自己的独特之处而欢呼。看看身边那些成功人士就会发现，他们都拥有一种王者般的自信，他们的心里总是抱着"我肯定能行"的坚定信念。不自我轻视的人，还能使自己的潜能得到最好的开发，面对任何困难都充满活力，并且最终创造出非凡的成就。

　　德摩斯梯尼是古希腊家喻户晓的人物。他在孩提时代，由于说话的声音很微弱，还伴有严重的口吃毛病，经常被同伴们拿来笑话。可是他并没有因此在心里轻视自己，而是暗暗地发誓，将来自己长大了，一定要成为一名著名的政治演说家。

当他结结巴巴地对大家说出这个梦想，所有人都怀疑是不是自己听错了，一个说话都不清楚的人，居然想成为演说家，这不是异想天开吗？然而，德摩斯梯尼并没有因为别人的讥笑和嘲讽而看不起自己。为了让自己的声音变得清晰洪亮，他每天清晨都会站在大海边，对着海浪大声喊叫；为了使自己的舌头变得更加灵活，他将一块小石子含在嘴里说话；为了改善自己气短的毛病，他不停地奔跑、攀登；为了早日实现自己的梦想，他在家里放了一面镜子，每天都对着镜子反复地练习演讲时的一些动作和手势……

德摩斯梯尼并没有成为演说家的天赋，可是经过十几年的刻苦努力，他终于在一次辩论大会上，以清晰的发音、优美的姿态和富有逻辑的思维，获得了大家的认同，成为当时最著名的政治演说家之一。

假如德摩斯梯尼当年因为别人的嘲笑而看轻自己，觉得自己根本不行，那么他就不会有今天这样的成就。正是由于他始终相信自己，对自己毫不灰心绝望，所以才战胜了自己的缺陷，获得了最后的胜利。这些都是值得我们学习的地方。

自我轻视的人，总是觉得自己不够完美，总是会在颓废、沮丧中沉入自卑的泥沼。事实上，人生中有很多机遇等待着我们，也许现在我们的地位还很低微，不能做太多的事情，也不能得到太多的关注；也许在人生的路途上，我们正遭逢挫折与伤痛，正默默地忍受着嘲笑与屈辱……这些都不重要，重要的是我们要坚定自己的信心，从内心更加看重自己。前方的道路还很长，只要我们不看轻自己，在苦难中毅然前行，就一定能够写下最灿烂的人生篇章！

做自己的主人，驾驭自己的命运

如果有人突然问你：你是自己的主人吗？你能够驾驭自己的命运吗？不知道你会给出怎样的答案。很多时候，我们也会思考，我们到底是不是自己的主人？虽然我们每天都生活着，自己工作挣钱，养家糊口；自己吃饭睡觉，休闲旅游……可是，我们能够驾驭自己的命运吗？可能有的人会说："我们当然有足够的能力来驾驭自己的命运，尽管我们不能决定自己什么时候来到这个神奇的世界，但是我们可以决定自己何时离开——假如我们不想再苟活在这个世界上，那么我们可以随时终结自己的生命！这样说来，我们当然能够驾驭自己的命运。"其实，这只是一种误解罢了。真正地驾驭自己的命运，是对人生的自我调节，而不是终结；是对自己生命价值的自我掌控，而不是随意地将生命视若无物。

一个人想要做自己的主人，一定要有足够的自信，因为一个没有自信心的人，是做不好任何一件事情的，又怎么能驾驭自己的命运呢？事实上，生活中很多人都不是自己的主人，尤其当苦难毫无征兆地降临时，常常会自乱阵脚，忘记了自己是谁，也不清楚自己要做什么。他们往往会在苦难中随波逐流，人云亦云，似乎完全忘记了自己才是自己的主人。

很多时候，我们都处于一种盲目无知的状态，忘了自己活着的目的，甚至忘记了"我自己"的存在。在现实生活中，那些身残志坚或者身处逆境中的人，他们之所以能够取得别人无法企及的成就，就是因为他们时刻都提醒自己"我"的存在。"我"就是自己的主人，只有"我"才能驾驭自己的命运。有了这种自我意识，就拥有了无穷无尽的力量，即使面对再大的挫折、再大的苦难，也无法阻挡他们的脚步。

做自己的主人，我们的人生才会变得饱满而充实，才会符合我们内心的企盼与憧憬。应该明白，"我"是属于自己的，是这个世界上独一无二的存在，没有人能够代替我，也没有人能够主宰我的命运——除了我自己。另外，我们还应该懂得如何去驾驭自己的命运，这是面对挫折与苦难所必须具备的素质。一个人能够驾驭自己的命运，才有资格成为自己的主人。他们有自己的思想，有辨别是非的能力，在苦难中能够做出最正确的决断，找到最合理的解决方法。他们拥有一种果断从容的气质，在人生的道路上无所顾忌、奋勇向前。

清代有两位秀才的书法写得都非常漂亮，人们常常拿他们来做比较。其中一位秀才每天十分认真地临摹古人的碑帖，不管是字的笔划，还是间架结构，都要写到以假乱真为止。比如他的点划一定要像王羲之，捺划一定要像赵孟頫。而另外一位秀才也刻苦练习，只是他更讲究自然，不去刻意追求古人的影子，还要求自己一笔一划都要与古人有所区别，只有这样他才感到高兴。

有一天，这两位秀才都被邀请去参加员外的寿宴，他们各自写了一副书法作品当作贺礼。那位写字与古人很相似的秀才，故意在大庭广众之下嘲讽另一位秀才："请问，先生的作品有哪一笔像是古人的？"另一位秀才没有恼怒，反正一脸和气地反问道："请问，先生的作品有哪一笔像是自己的？"善于模仿古人笔迹的秀才顿时哑口无言。

人们常说，人生的道路就在自己的脚下，就看我们如何去选择，是做自己的主人，驾驭自己的命运，还是在苦难中随波逐流，被外物所左右呢？相信每个人都已经有了自己的答案。

我们要做自己的主人，要学会选择自己未来的道路，要去改变自己的生存环境，这些都是别人无法取代的，只能靠自己去完成。那么我们应该怎样做，才能成为自己的主人，驾驭自己的命运呢？

1. 做自己的主人，首先要学会自主学习

想要成为自己的主人，就应该学会自主学习。我们从小接受教育的目的，就是将学校里学到的东西，转化为自己能够运用的东西。自主学习就是我们在学习的过程中，要善于获取对自己最有用处的知识，一定要有自己的眼光，懂得选择与甄别。当然，我们不用担心自己学习的知识会一无用处，相信时间会让每一门学科的知识，都焕发出夺目的光彩，你只需要耐心地等待，不断地充实自己。

2. 不盲目顺从，要有自己的主见

想要做自己人生的主人，极为重要的一点就是不要盲目地顺从，或者被一些公式化的教条所束缚。我们每一个人都必须保证思想上的独立性，对于任何问题都要善于从自我的角度去思考、去判断，不要轻易被他人或者客观事物所影响。这种相对独立的思想，能够使自己在面对人生的重大抉择时，能够冷静、清晰地做出最正确的选择。这样，生活就会在我们的决策之下，按照我们的构思不断向前延伸，最终到达理想的目的地。

3. 着眼于未来，做好自己的人生规划

不管我们在生活中多么独立，如果没有良好的人生规划，仍然不能算是自己的主人。当然，我们的人生规划需要自己去"构思"，这是驾驭自己命运最有效的方式。就算自己身处逆境，就算自己被苦难袭扰，也要给自己的人生做好规划。只有掌控自己的人生，才能成为理想中最好的自己，才能驾驭自己的命运，成为苦难中真正的强者。

活在自己心里，而不是别人眼里

有时候，苦难会让我们狼狈不堪，就像一个人不小心掉进了泥坑中一样，浑身都裹满了泥巴，连鼻子眼睛都看不清楚了。这时，周围的人可能会同情你的遭遇，但是也不排除一旁就有嘲笑或者投来异样目光的人。这时候，我们应该瑟缩成一团，抱紧自己最后一点尊严，还是勇敢地与他人对视呢？

其实，我们完全不用太在乎别人的目光。这只会让我们越来越不快乐，越来越患得患失罢了。当我们不幸被苦难所眷顾，周围人们异样的目光与嘲讽的话语是常常存在的，总有一些喜欢幸灾乐祸。这时候，我们要做的就是直接忽略掉别人的目光，尽量让自己平静下来。如果太在意别人是怎么看你的，那么只会让你丧失自我，不管做什么事情都畏首畏尾，最终会因为没有主见、没有自我，而被苦难打败；相反，如果我们能够活在自己的心里，而不是别人的眼里，我们就可以找回属于自己的那份自信，战胜一切艰难险阻。

著名主持人倪萍曾经说过这样一句话："我们应该活在自己的心里，如果为别人的目光而感到烦恼，那么自己就是傻瓜。"在她的人生中，有无数的鲜花与掌声，也有一些阴霾苦难的日子。当记者问她，是否会在意别人的看法时，她微笑一笑道："自己年轻的时候也许会很在意这些，特别是在我刚刚进入电视台工作那几年，才20多岁吧，只要别人一夸奖，就会扬扬得意的。如果报纸上表扬几句，那么我肯定会兴奋得好几天都睡不着觉，把那张报纸看了一遍又一遍；如果遭到别人的质疑和批评，那就灰心绝对到了极点……不过现在不了，人长大了，心也被磨得起了老茧，如果因为别人的看法而让自己不快乐，那简直就是傻瓜，因为最了解自己的人，始终还是自己。"

很多时候，我们总会因为别人的目光，而感到灰心失望。总是将自己放在别人眼里，在别人的评判中去了解自己的价值。我们常常会因为别人的一句话，丧失了自己应有的信心。特别是在苦难之中，原本就有很多重担压在我们身上，如果太在意别人的看法，只会让自己活得更累、更沉重。

　　张明从小字就写得歪歪斜斜的，难看极了。同学们看见他写的字，一个个都笑得前仰后合；大家都笑他的字是"鬼画符"。可是，这也不能怪张明啊！因为他小时候患过一种奇怪的病，全身颤抖不停，后来去医院治疗，花光了家里所有的钱，还是落下了病根——他的手总是会忍不住地颤抖。

　　渐渐地，张明开始害怕让别人看见自己写的字，只要有人站在他的旁边，也不管别人是否在看他写字，他都会在心里不自觉地想："他肯定在看我写字，肯定在心中嘲笑我的字写得太难看了。"张明越是这样想，手就越是颤抖得厉害。这种来自身体和心灵上的折磨，让他苦不堪言。

　　上高中的时候，张明换了一个全新的环境。在上学的第一天，老师要求学生把一篇重要的课文背下来，明天要默写。张明想给老师留下一个好印象，就熬夜把那篇课文背得滚瓜烂熟，并且自己还默写了好几遍，直到没有一个错别字出现为止。他原来以为自己可以很轻松地搞定这次默写，可是第二天，当老师走进教室的时候，他的心里就紧张起来。同学们都在默写，只有他紧张得手颤抖不停，到最后就写了几个字，还是歪歪斜斜的。面对这样的情况，他简直痛苦到了极点。

　　好不容易考上了大学，张明和几位舍友加入了某文学社团，这个社团经常性地要开会，发布一些通知什么的，每次集合都要到负责人那儿签到，张明都不敢当着别人的面签字，他担心自己手抖，写不出来，于是他开始害怕那些集会，一看到那么多人集合，他的头就大了。这样的状况影响了张明整个的大学生活，本想在大学期间多参加些集体活动，也好多锻炼锻炼自己，可是因为太在意别人的评论，他一次又一次与好机会失之交臂。

　　如今，张明已经大学毕业了，在亲朋好友的帮助下，他找到一份待遇不错的工作，父母鼓励他要好好地珍惜。张明嘴上满口答应，可是心里却很担心。工作一段时间后，张明要与公司签合同了，一想这件事情，他就被恐惧所笼罩，真不知道自己该如何是好。

　　每个人都会在乎自己的形象，特别是其他人眼里的自己，可是像张明这样，因为太过在意而丧失了自我，那就是一件很悲哀的事情了。因为别人对我们的评价不一定是完全客观公正的。有人可能会专门挑坏的方面来评价我们，甚至故意贬低或者打击我们，如果我们太过在意，就会在心中低估自己，产生自卑消极的心理；有人可能专门挑好的方面来评价我们，如果我们信以为真，就会错误地高估自己，使自己陷入骄傲自满的境地。所以说，在别人眼里，我们可能只是流于表面，或者只是单一的方面。

　　虽然在别人眼里我们能够看到自己更多的信息，可是在绝大多数时候，别人的意见只能作为参考罢了。尤其当你处于苦难的境地时，别人很难设身处地为你着想，他们眼睛所看见的，与我们亲身所经历的，截然不同。那么，对于别人的目光，我们应该如何去看待呢？

1. 以平常心面对别人的批评与赞美

　　苦难也好，幸福也好，这些都是属于我们自己的。我们不用为了获得别人的赞许而去违背自己的意愿。就算得到了别人的赞许，我们也不用高兴得忘乎所以，因为在你获得赞许的同时，也会迎来批评和指责。当然，面对这些批评，我们应该好好地检讨自己，并且从中学到一些东西，以这样的平常心去面对别人的看法，能够让自己的心理变得越来越强大。

2. 别人没有我们想象中那样关注我们

人们通常只会关心自己的事，所以你完全不用担心别人会在背后谈论你的长相、你的家庭或者你正在做事情。也许在你的心里，你就是这个世界最重要的人，全世界都在关注，都很在乎你的一言一行。不过，在别人心里可不是这样想的，因为他们觉得这个世界上最重要的人是他们自己。

3. 我们应该多关心自己的看法

假如对别人的看法太在意，会让自己的内心越来越贫瘠，渐渐地就不再重视自己的看法，而是用别人的看法来评判自己。要消除这种不良的心理，就应该多关心自己的看法：自己是什么样的人，自己正在做什么事情，自己忍受着什么、希望着什么……难道还有人比我们更了解自己吗？

4. 多听听支持你的人是如何看待你的

当然，要想完全不在意别人的看法是一件很难的事情。既然如此，就多听听那些支持我们的人是如何看待我们的。他们的话可以帮助我们树立信心，更好地认识自己。

5. 别人对我们的评价并一定是正确的

我们绝对不能消极地接受别人对我们的评价，甚至因此影响到自己的情绪和心理。要知道，别人对我们的评价也不一定是正确的，有时候他们可能是为了释放心中的愤怒，有时候是因为嫉妒或者绝望，因此他们眼中的我们，可能是扭曲变形的，至少不是真实的我们。

不用崇拜偶像，你自己就是最棒的

如果有一天，有人问你最崇拜的偶像是谁，你可能会一时愣在那里，半天答不出来。是的，活了这么多年，这个问题还真没认真想过，我最崇拜的偶像会是谁呢？是成龙吗？是奥黛丽·赫本吗？是爱因斯坦吗？是比尔·盖茨吗？

假如我们有勇气对全世界大声说："我崇拜我自己！"我们可能会受到非议，甚至还会有人向你扔来臭鸡蛋。因为我们太平凡太渺小，简直不值一提，在这个惊艳华美的世界中就像一根小草，在姹紫嫣红的花丛中是那么不起眼。可是，我们真的那么渺小，那么微不足道吗？德国哲学家黑格尔说："人应该尊敬他自己，并应自视能配得上最高尚的东西。"我们不能觉得自己渺小，也不用去崇拜偶像，因为我们自己就是最棒的。即使在苦难中久久地挣扎，只要我们在这个世界上，就是一个顶天立地的"巨人"。

只要我们懂得欣赏自己的价值，就不会在凄风苦雨中自暴自弃，也不会失去勇气和自信。其实我们每一个人都是最优秀的，只要相信自己，就能够得到他人的信任。然而现实的情况又是怎样的呢？人们总是很轻易地看到别人的优秀，却对自身的优秀置若罔闻。人们总是习惯地对那些"优秀"的人顶礼膜拜，而不知道自己就是最棒的那个人。

古希腊大哲学家苏格拉底在生命的最后几天里，为了让自己的思想能够传承下去，便让自己的助手去寻找一位最优秀的人来做自己的关门弟子。"我希望这个人是最优秀的，他不但要有非凡的才学，还要拥有足够的自信与勇气。"苏格拉底对助手这样交待说。可是，这位助手苦苦找寻，去了很多地方，都没有合适的人选。

时间就这样一天天地过去，苏格拉底已经病入膏肓了，眼看着就要离开这个世界。可是助手一直没有找到那个最优秀的人。助手很自责，他来到苏格拉底的面前，十分失落地说："对不起，我没有完成您最后的心愿。"

苏格拉底听了助手的话，用最后一丝气息说："其实，我心里那个最优秀的人就是你自己，我希望将毕生的思想都传授于你，可是你太不自信了，将自己忽略而去寻找别人……"说完这几句话，苏格拉底便离开了人世。而那位助手也非常后悔，甚至在自己的整个后半生都在思索一个问题：自己就是那个最优秀的吗？

现实生活中，很多人常常觉得自己不够优秀，将来肯定做不了什么大事。他们在苦难中沉沦，不愿意做出尝试，也不敢挑战自己，而是甘心忍受屈辱，扮演"小丑"的角色。事实上，每一个人都是最优秀的，我们永远不知道隐藏在自己身体里的能量有多么巨大，但是可以肯定的是，只要我们对自己满怀信心，那么这些潜在的能力就会得到开发利用。

不用再去羡慕别人，因为我们自己就是最棒的。将自己当成"偶像"，我们会活得更有力量，也能够在无形中不断地完善自己。只要相信自己是最棒的，哪怕自己就像一株平凡小草，是一滴小小的露珠，你仍然能够拥有属于自己的一片天空，能够迎来一轮属于自己的朝阳。

我们应该明白，当一个人呱呱坠地的那一刻起，他就不再是一个渺小的细胞，也没有理由在这广阔的世界自卑一辈子，他完全可以崇拜自己，因为从现在开始，他有了自己的生活，还有什么比这更值得让人骄傲的？

因此，要活得轻松，要活得自在，要活得精彩，必须把"自视渺小"转换成"自我崇拜"！自我崇拜，不是自以为是，不是妄自尊大，不是狂妄嚣张。自我崇拜，是一种对自己的肯定，是一种主宰生活的气概，是一种开明的思想，更是把握自己命运的魄力。

可能有人会说："我从小就生活在苦难之中，并且身患痼疾，我觉得自己一无是处，要怎么自我崇拜呢？"让我们来看一看下面这个女孩的故事，也许你就有了答案。

她可能是迄今为止，站在演讲台上最特别的一个人。她偶尔会挥舞着自己的双手，样子很丑陋。有时候，她会把头仰起来，脖子伸得长长的，或者张开嘴巴，眼睛眯成一条细细的线，静静地看着台下的听众。既然是站在演讲台上，那么她就要讲话，可是没有人能够听懂她嘴里咿咿唔唔的语言——基本上，她就是一个不会说话的人。不过，她拥有很好的听力，只要别人猜出她说的"话"，她便会高兴地大叫一声，表情夸张地伸出手来，为你"鼓掌"，或者跟跟跄跄地走到你面前，赠送一张美丽的明信片给你。

那张明信片上印着十分优美的风景，你可以想象到吗？这些明信片都是用她的画制作的。她就是获得了加州大学艺术博士学位的黄美廉。由于从小就感染了脑性麻痹，她的肢体失去了正常人那样的平衡感，也不能像正常人那样说话发音。可就是这样一位脑性麻痹的病人，没有因此而灰心绝望，相反，病魔更加激发了她的奋斗精神，她坦然面对这一切苦难，向一切不可能的事情发出挑战，因为在她心中，自己始终都是最棒的人！经过多年的努力，她终于如愿以偿地获得了加州大学艺术博士学位。可是由于她不能够自如地控制自己的肢体，所以只能用手作画，以各种色彩涂抹自己的人生。

这的确是一场与众不同的演讲会，它让我们看到了一个生命的倾倒与颠覆。当一名观众小心翼翼地问道："请问黄博士，从小就患上这样的疾病，您是怎么看待自己的呢？"

黄美廉表情再一次变得扭曲，她用粉笔在黑板上写下几个歪歪斜斜的大字："我只相信，自己是最棒的！"

演讲台下先是沉静了片刻，然后众人发出了热烈的掌声。这掌声不仅是送给黄美廉的，同时也送给一个生命在苦难中的自信与从容。

很多时候，也许连我们自己都不知道，原来我们拥有这么多的聪明才智还未被开发出来，因为我们的眼睛里只看到别人优秀，而让自己黯然失色。我们崇拜的人很多，就是少了我们自己。其实，我们自己就是最棒的，无论是在工作、生活抑或苦难之中，我们所能做到的一切，哪怕只是一些微不足道的小事，也是那些"偶像"不能做到的。

找准快乐的角度，用笑容征服世界

　　我们常常会听见身边的人抱怨：生活简直太糟糕了，为什么自己不能过得很快乐呢？其实，每个人生活在这个世界上，都会因为各种各样的事情而滋生出烦恼，如果我们没有战胜痛苦的决心，那么就被会痛苦所俘虏。对于逆境与苦难，我们虽然无法拒绝，但是可以想办法去改变，去战胜它。我们应该在心里告诉自己：既然苦难已经降临到自己头上，我们已经没有了选择的余地，那么不如微笑着面对苦难！

　　即使再大的困难，再多的挫折，都不过是黎明前的一丝黑暗。现实的情况根本不会像我们想象的那样糟糕，只要拥有乐观积极的心态，找准快乐的角度，那么你的笑容就将征服整个世界。苦难又算得了什么，挫折与困难又算得了什么？我们不能因为这个世界而改变自己的笑容，相反，我们应该笑对人生，用我们的笑容去改变整个世界！当你用乐观的眼睛去审视自己所经历的一切时，你才会发现自己所承担的苦难是那么微不足道，因为在不远处，幸福正等待着你的到来。

　　曾有人说："你的态度决定了你一生的高度。"假如总是觉得自己很不幸，总是抱怨"自己倒霉"，那么我们的一生可能都会在伤感失意中度过；假如我们认为自己所遭受的苦难只是暂时的，甚至将它当成磨砺自己人生的"武器"，那么我们的生活就会出现各种各样的转机，美好的生活将触手可及。从这个意义上来说，一个人有什么的心态，将拥有什么样的未来。

　　在一所学校的课堂上，新来的老师给同学们上了很特别的一课。他没有带任何课本或者教案就走进了教室，学生们看见他的手里只有一张白纸，都感到十分疑惑。

只见这位老师走上讲台，问他的学生们："请大家说一说，这张纸有几种命运呢？"学生们都不知道该怎么回答，一时之间，教室里安静得令人害怕。

这时，老师将那张白纸扔到地上，然后踩了几脚，他又问学生："现在请大家告诉我，这张纸有几种命运？"

一位学生很小心地举起了手，他看着那白纸上已经留下了老师的脚印，于是很坚定地回答："这张纸现在已经变成一张废纸了，所以它只有一种命运，那就是被扔进垃圾筒。"

老师对那位学生微笑着点点头，可是并没有表示出赞同的意思。他弯下腰，捡起那张纸，小心地将它铺在讲桌上，然后拿出铅笔在上面画了一幅美丽的山水素描，还在旁边写了几句诗。刚才踩下脚印的地方，被老师稍微地加工了一下，就恰到好处地变成了险峻山峰上的褶皱。学生们一个个看得目瞪口呆。

老师将这幅画举起来，又问学生："这张纸真的只有一种命运吗？如果不是，那么它的命运究竟是什么？"

学生们显然已经明白了老师的用意，他们异口同声地回答说："您将希望寄托在这张废纸上，现在它有了自己的价值。"

老师很满意地点了点头，微笑着对学生说："同学们都明白其中的道理了吧？一张毫不起眼的废纸，如果我们用消极厌倦的态度去对待它，它就变得一文不值了；如果我们以乐观积极的态度去对待它，那么它就有了不一样的价值。一张纸是如此，我们的生活更是如此。"

我们的生活也像一张白纸，充满了各种变数，可能是一路平坦的康庄大道，也可能遭遇到苦难与挫折。这时候决定我们人生价值的，往往不是我们的技艺，而是我们的心态。一个乐观积极的人，可以化腐朽为神奇，在苦难中创造出辉煌的成绩；而一个悲观消极的人，会被一点小小的困难所拦阻，在安逸的生活中日渐颓靡。所以说，我们应该学会用乐观的心态去对待生活的苦与涩，用微笑去品味苦难中的甘与甜。

当我们以微笑面对世界的时候，世界也回报我们以微笑；当我们对世界哭泣的时候，天空也下起了忧伤的小雨。那么，就让我们从此刻开始，用最真诚的微笑去面对生活中的苦难，不抱怨生活给我们留下太多辛酸的回忆，不抱怨生活中的无奈与叹息，不抱怨一次次失落与伤害……正是因为我们有了这样的经历，才知道生活不会很完美，人生总有苦难与失败。想让自己活得更坦然、更快乐一些，那么就不要忘记给世界一个微笑的表情。

一个阴郁的下午，安雅在与同事逛街的时候，偶然间发现自己的老公和另外一个女人相拥着走在一起。那一刻，她简直绝望到了极点，不自觉地流下了眼泪。

匆匆与同事告别以后，安雅没有回公司，也没有回家。而是一个人坐车去了郊区的公园，那里很安静，她只想一个人痛快地哭一场。

安雅坐在公园的长椅上，身边放着一叠纸巾，她的眼睛哭红了，可还是止不住地流泪。这时，一位老先生走了过来，看她这样的伤心，就关切地问道："孩子，你怎么哭得这么伤心呢？"

安雅抬眼看了看老先生，心里有了一种倾诉的欲望，于是她哽咽着说："您知道吗？我与老公结婚五年了，感情一直很好，可是今天下午我看到他和另外一个女人走在一起，还很亲密的样子。我知道他已经变心了，我很难过，没想到五年的感情竟然这样不堪一击……可是，我真的很爱他……"

老先生听完安雅的诉说，很慈祥地微笑着："这是好事啊，孩子，你为什么还要哭呢？"

安雅看着老先生慈眉善目的样子，心里却很生气："老先生，您怎么能够这样说呢？我的感情破裂了，我现在很难过，您不但不安慰我，还幸灾乐祸！"

老先生收敛起自己的笑容，很真诚地对安雅说："孩子，你根本就用不着难过啊，真正应该难过的是他。你想想，你只是失去了一个不再爱你的人，而他却失去了一个最爱他的人……"安雅听完老先生的话，痛苦的心结终于打开了，当她内心的障碍被排除后，快乐就有立足之地。于是，她的嘴角涌上了一丝微笑。

原来，我们追求的快乐，只是一个角度的问题。只要能够找准快乐的角度，就能够用笑容征服世界。伟大的梭罗曾经说过："不论你的生活如何卑微，你都得面对与度过，不要逃避，也莫要以恶言相加。"当一个人面对苦难的时候，还能够让自己的心里充满自信与快乐，这不仅是一种成熟的表现，更是一种超然的人生智慧。

所以，亲爱的朋友们，让我们从此刻开始，用乐观积极的态度去面对生活中的一切苦难与挫折吧！乐观的人总是对任何事物充满信心，不管身处怎样的环境，不管遭受怎样的打击，他们总能找到解决的方法，让自己成为生活的强者。也许你现在正经历着苦难，也许你对自己没有信心，也许你不知道如何让自己积极乐观起来，没关系，只要按照以下的方法去做，那么你也可以找回自己的微笑，成为一个积极乐观的人。

1. 知足才会常乐

大家都知道"知足常乐"的道理，可是有几个能够真正做到？很多时候，我们感到灰心绝望，也许只是因为我们将目标定得太高太远，以致让你感到虚无缥缈。这时，我们不妨调节一下自己的心态，不要总想着去做一些大事情、大成就，而忽略了生活中的小进步、小突破。

2. 给别人一些帮助

生活中，很多人之所以会感到悲观失望，是由于他们常常将自己密封在一个自我的空间里，他们不知道如何与人交往，如果帮助别人。这样，别人也不可能主动来接近你，就算别人主动了，你敢保证自己的心门正打开着吗？不如尝试着去帮助他人，这样不仅能够得到他人的肯定，还能够体现自己的价值。这样人际关系好了，自己也会越来越快乐。

3. 要正确地看待生活

不断地在心里提醒自己，生活本来就是五颜六色的，什么味道都有。一个人不可能永远苦恼绝望，也不可能永远幸福阳光。因此，我们应该正确地看待生活，当幸福来临的时候，我们要懂得把握与珍惜；当苦难不期而至的时候，我们要学会坚强乐观，笑对人生。

4. 学会适当的心理防卫

当我们感觉苦闷的时候，不妨去想一些值得高兴的事，或者放下手中的工作，去做自己喜欢的事。这就是移情的作用。当我们正经历着别人无法了解的苦难时，我们可以多借鉴一些名人的经历，把苦难当成磨难，当成一种人生的修炼。

笑对人生，去做自己喜欢的事吧

苦难是一种很奇特的东西，当它毫无征兆地降临时，常常让人感觉无法接受，可是又无法拒绝。于是，在各种纠结与矛盾中，我们学会了一个叫作"无奈"的词语。在苦难的笼罩之下，生活好像变得不受我们控制了，我们不能随意地哭，也不能随意地笑，更不能做自己喜欢的事情。

比尔·盖茨说："做自己喜欢和善于做的事，上帝也会助你走向成功。"的确，只有做自己喜欢的事情，我们才能从中找到生活的乐趣，才能全力以赴，与苦难抗争到底；只有做自己喜欢的事情，我们才能找回坚定的信心与希望，才能在逆境中体会到一丝安慰、一点幸福。难怪有人会说：人生的一大快事，就是做自己喜欢的事情，说自己喜欢说的话，尊重自己内心的感受，与最真实的自己相遇。

曾经听别人说过这样一件有趣的事情：有一位年轻的小伙子，当他一个人坐在窗前看书的时候，总觉得提不起精神来，时间就像乌龟一样缓慢地从他面前爬过。可是后来的一天，当班上的一位女同学来向他请教问题时，他又觉得时间就像骏马一样飞奔而过，才一会儿工夫，漂亮的女孩就请教完问题，匆匆离开了。原来，做自己喜欢的事情，时间会过得飞快，这是因为我们从中感受到了激情，感受到了信心。

张艾嘉是台湾著名的演员兼幕后工作者，可能很多人并不知道，在她年轻的时候，也是一个性格不羁之人，曾经轰轰烈烈地追寻自己所喜爱的生活。

年轻时候的张艾嘉并不是人们眼中的美女，所以平时上镜
的机会屈指可数。在生活最落魄的时候，她的口袋里仅有几元钱。
尽管如此，她还是对未来的生活充满了信心，并且坚持要过自
己喜欢的生活，做自己喜欢的事情。她利用那段落魄的时光来
认识自己，看看自己到底喜欢做什么样的事情。后来她终于有
了答案，自己喜欢的除了表演，还有一些幕后制作方面的东西。
她总是对身边的人说，做自己喜欢的事情，哪怕再辛苦，哪怕
只是在闪耀的屏幕背后，都是一件十分幸福的事情。

这就是人们眼中的张艾嘉，一个美丽、智慧、从容的女人。
她在自己的人生舞台上，永远都显得那样游刃有余。当她面对
记者的提问时，总是那么镇定自若，毫不掩饰自己的满足，她说：
"我很幸福，而幸福秘诀就是'不贪婪，永远做自己喜欢的事情'。"

一个人生活在这个世界上，就需要做各种各样的事情：当我们做那些
自己不喜欢的事情时，就会感觉压抑、无奈、度日如年；可是当我们去做
那些自己喜欢的事情时，又会觉得自信、快乐，简直就是一种享受，人生
也是短暂的。假如我们一生都去做自己不喜欢的事情，那么人生再长又有
什么意义呢？不管我们现在生活得一帆风顺，还是正被苦难所侵袭，我们
都应该笑对人生，去做自己喜欢的事情。只有这样才能全身心地投入，享
受生活的乐趣。如果我们因为某种原因而放弃自己喜欢的事情，那么我们
将离成功越来越远。

有两位年轻人在厕所里不期而遇了，其中一位向另一位戴
着帽子的借了手纸。等他们走出厕所之后，借手纸者给戴帽子
那位点上一支烟，以此来表达自己的谢意。他们就这样认识了，
并且一见如故。从厕所里出来后，两个人还边走边聊。戴帽子

的那位说："我简直太郁闷了，被家里逼着学钢琴，可这并不是我喜欢做的事情啊！"借手纸的那位感到不可思议，他说："钢琴很容易学会啊！我从 5 岁开始弹琴，现在已经非常顺溜了。可是我的家人总是逼着我写诗，你不知道，我看见那些文字就觉得头大！"戴帽子那位一听，高兴得跳了起来。他从自己的挎包里拿出一沓稿纸，上面写着密密麻麻的文字："真是太凑巧了，我这辈子最喜欢做的事情就是写诗，你看这些作品，都是我们在弹琴的间隙写的。如果觉得不错，就拿回家交差吧！"

你可能不知道吧，那位不喜欢弹钢琴的人就是大诗人歌德，而那位不喜欢写诗的人就是音乐天才莫扎特。由此可见，我们在做自己喜欢的事情时，才能从中体会到快乐，也更容易获得成功！

即使在伤痛的日子里，也要给自己留下一段闲适的时光，暂时忘却生活中的种种不幸，让心灵得到休憩。

即使在困苦的日子里，我们也可以静坐于书房，翻开搁置许久的书本，很认真地读一些自己喜欢的书，使自己更加充实。

即使在苦难的日子里，我们也要抽一点时间，为家人做上一桌美味的饭菜，享受与家人相处时平淡的幸福。

总之，即使是在不如意的日子里，我们也应该懂得笑对人生，适当地享受一下生活的乐趣，改变一下自己的生活方式，做一些自己喜欢的事情。让自己束缚已久的手脚得到舒展，让身心疲惫的心灵得到放松，只有积蓄更多的力量，才能够继续向前奔跑，战胜苦难，走向人生的辉煌！

第 六 章

贫 穷：

贫穷与富有的距离，只需思维的一个"转身"

>>>>

"愚蠢的行动，能使人陷于贫困；投合时机的行动，却能令人致富。"挫折和伤痛不是你放弃追逐梦想的理由，也不是安守贫穷的借口，贫穷值得他人同情，但不值得自己骄傲，更不是炫耀清贫乐道的幌子。贫穷并非洪水猛兽，只要我们不被自己打倒，就会得到想要的幸福。

把贫穷看成是植育幸福的土壤

很多人都认为,有钱才能够有幸福,贫穷是幸福生活的绊脚石。事实上,贫穷就像是健身房中的运动器材,它能够帮助人们拥有强健的身体,成就一番事业。安德鲁·卡内基也曾说过:"一个年轻人最大的财富莫过于出生于贫贱之家。"通常清贫的生活环境,会使人更加想要得到幸福。因此,贫穷不仅不是绊脚石,反而是培植幸福的土壤。

有天正值中午最热的时候,老王刚走上天桥,就看见对面有一名男子正吃力地背着个姑娘走过来,男子已经累得气喘吁吁、满头大汗了,他背上的姑娘却依然闭着眼、面带微笑。老王心想这无疑是一对正在秀恩爱的情侣,但当与他们擦身而过的时候,老王忽然发现男子的腿抖得厉害,他们好像并不是在闹着玩。于是老王赶紧上前去搀扶男子,并问道:"你没事吧?她是不是病了?你们怎么不打车?"男子听了老王的话后并没有回答,只是低着头。直到他背上的姑娘睁开眼笑了起来,男孩才有些窘迫地对老王说:"真抱歉,其实我们是在玩,对不起。""什么?"老王感觉自己被人捉弄了,忍不住有些生气。这时一边的姑娘忙解释说:"今天是我们的结婚纪念日,我们结婚两年了,他一直没有送我一件像样的礼物,本来说好今天逛街买的,但是看到东西都很贵就没买。我想起曾经看过的电影中,有夫妻是这样庆祝结婚纪念日的,所以我们就也想试试。"男子憨憨地笑着说："别的贵的礼物我买不起，但是我还是有力气的，所以就答应背她过天桥了。结婚几年就背几趟，结果才一个来回就把我累得不行了。"姑娘心疼地帮男子擦擦脸上的汗，眼神中流露出了满满的幸福。

像幸福、浪漫这种词，貌似都属于有钱人，但实际上穷人也是有浪漫的，贫穷也能够制造浪漫，并不是有钱才会有浪漫、幸福。虽然没有鲜花，没有烛光晚餐，没有金银珠宝，但穷人却也可以用这种不花钱的方法营造出幸福的感觉。通过这个故事我们可以看出，幸福与金钱无关，贫穷也能培养浪漫，成就幸福。所以，不要总以为穷人就不幸福了，只要想办法，有心眼，即使身无分文，穷人也照样可以过得幸福快乐。

幸福是看不见摸不到的，它其实只是一种人们实现愿望后的满足感。只要在清贫的生活中获得了满足，那也就是在贫穷中获得了幸福。

在西汉时期，有一个叫匡衡的人，非常勤奋好学，但是他们家里很穷，晚上连蜡烛都用不起，就别说还有闲钱去买书了。有一天，匡衡知道了有一个大户人家，家里有很多的书。于是热爱文学的匡衡就到他家去做雇工，而且还不要工钱。这家主人很是奇怪，问他为什么会不要报酬，匡衡说："我希望能把您家的书看一遍。"主人听了，深为感动，就把书借给他看。

但是，匡衡家很穷，他常常读书读到黄昏日暮，才遗憾地收起书本。有一天晚上，他突然感到什么地方有微弱的光亮射进来。原来，自家的墙已经破了，邻家的烛光就从墙缝隙中透出来。匡衡喜出望外，他找来凿子，把墙上的缝隙凿大，果然有了一束亮光射了进来。他拿书就着光束去看，直到邻居家熄灯了，才把书放下去睡觉。

　　从这个故事中，我们不难看出贫穷使人获得的幸福土壤，就是穷人肯努力学习，肯在贫穷的环境里坚持自己的方向，就像匡衡一样，在勤学苦读之后终于取得了应有的成就，做了宰相。这就是用贫穷的土壤培育出来的幸福！通常艰苦的生活可以磨练人的意志，使人懂得生活的艰辛，从而激发起人们的无穷斗志，挑战各种难关，最终获得成功，生活变得幸福美满。

　　对于每个人来说，贫穷不是值得骄傲的，也不是拿来炫耀的，但是贫穷也并非洪水猛兽，只要我们想要那种幸福，并且知足常乐就会感到幸福，尽管我们很穷。

　　林肯说过："我一直认为：如果一个人决心想获得某种幸福，他就能得到这种幸福。"相信穷人家的孩子会比富家子弟更渴望获得幸福，因为贫穷的生活更能够坚定获得幸福的信念，因此穷人家的孩子也会更容易获得幸福。

　　有很多名人在获得成功之前，都是生活困顿的穷人，比如说曾经担任过两次美国总统的格鲁夫·克利夫兰，他最初也只不过是一个年薪 50 英镑的穷售货员。贫穷的生活无疑造就了他坚韧不拔、顽强拼搏的精神，为他将来的成就奠定了坚实的基础。

　　虽然我们知道是贫穷孕育着幸福，但也并不是每个穷人都能获得幸福的。有些穷人在困顿的环境中失去了斗志，变得意志消沉，这无疑会被环境打败，前途仍是一片黑暗。穷人在困顿的生活中，不应该嫉妒有钱人，要始终保持良好的心态，把贫穷看成是培植幸福的土壤，通过自己的努力拼搏奋斗，就一定能过上幸福美满的生活。

贫穷会使欲望升腾起来

欲望是隐藏在人们心中的一团火焰，能够为人们指明前进的方向，是人们获得成功和幸福的原动力。伟大的现实主义作家巴尔扎克曾经说过："欲望是支配生命的力量和动机，是幻想的刺激剂，是行动的真正意义。"

通常我们说一个人贫穷，是指他在物质上比较匮乏，但是在欲望方面，穷人却一点也不穷，他们的欲望甚至会比富人还要强大。这是因为穷人总会比富人更加想要得到牛奶和面包，更加想要获得成功和幸福，是贫穷使得穷人的欲望升腾起来。

有个小男孩生长在一个农村家庭中，由于家里很穷，所以在他很小的时候就跟着父亲下地干活。有一次在田边休息，父亲问小男孩他长大了想做什么，小男孩看着远处的天空，回答父亲说："我不想种田，也不想上班，只想每天待在家里，就能有人给我送钱来。"父亲听了后，说小男孩是在做白日梦。

当小男孩上学后，他在课本上看见了雄伟的埃及金字塔，于是他对父亲说："总有一天，我也要去看金字塔。"父亲听后却生气地拍了一下他的脑袋说："你不要总做梦了，没钱你哪也去不了。"但小男孩却并没有因为父亲的话而动摇，自从他坚定了自己的目标之后，就开始努力地学习，终于以优异的成绩毕业，进入了一家报社做了记者，此外他每年都还会出版几本书。最终这个男孩辞去了工作，每日在家安心地写作，就像他当年说的那样，不用种田，不用上班，出版社和报社会寄稿费给他。后来，他又用收到的稿费去了埃及旅游，参观了儿时梦想见到的金字塔。

故事中的这个小男孩就是台湾著名的作家林清玄，他出生在一个贫穷的家庭中。他儿时的梦想曾被父亲嘲笑、否定过。但就是因为生活在这样一种贫穷的环境中，才燃起了林清玄强烈的欲望，使得他更加坚定地想要实现自己的愿望，满足自己的欲望。可以说，正是贫穷使得林清玄心中的欲望沸腾了起来，激励着他不断地努力前进，最终实现了自己的梦想。

很多人会抱怨自己出身贫寒，却不知道上帝更加青睐于穷人。贫困的生活往往能够使人心底的欲望沸腾起来，激发出无限的潜能，为成功提供无限的可能性。通常生活越是贫困的人，往往他内心的欲望就会越强大，从而离成功也就越近。相反，那些生活优越不愁吃喝的富家子弟，只知道吃喝玩乐，内心就会缺乏渴求幸福的欲望，使得追逐成功的原动力不足，而难以成就一番事业。

因此，穷人不必去羡慕富人，贫穷更能够激发人的欲望，使人通过不懈努力后获得幸福生活。有位哲学家曾经说过："生为富家子弟的人，仿佛负重赛跑的运动员。大多数的富家子弟，总是不能抵抗财富所加于他的诱惑，而陷于不幸之中。这类人往往不是那些穷孩子的对手。"

曾有人问一位成功的老艺术家，在他所有的徒弟中，他认为哪个人最有可能获得像他一样的成就。众人本以为老艺术家会回答说是自己的大徒弟，因为他待在艺术家身边的时间最长，但艺术家的回答却出乎所有人的意料，他指着一边衣着破烂的小徒弟说："我相信他将来的成就一定会超过我的。"这时又有人问道："为什么会是这个穷得买不起衣服的徒弟，您的大徒弟一向深受您的喜爱，跟随您学习的时间也最长，为什么不是他呢？"艺术家回答说："我是喜欢大徒弟，但我也知道他拥有富裕的家境，这使得他很难在艺术上有所突破，取得更大的成就。而小徒弟虽然贫穷，却因此而充满了想要改变现状，获得成功的欲望。"后来，在老艺术家过世后，他的大徒弟果然并没有在艺术上取得突破，而是一直活在师父的光环之下。而小徒弟却像艺术家预言的那样，不仅成为了一位伟大的艺术家，甚至还取得了超出老艺术家的辉煌成就。

故事中大徒弟虽然跟着老艺术家学习的时间长，但是因为他家境丰厚，所以并不需要靠艺术改变自己的生活，也就缺乏了想要获得成功的欲望。小徒弟虽然生活贫困，连件像样的衣服都买不起，跟随老艺术家学习的时间也不长，但是老艺术家却认定他能够有所成就。因为老艺术家知道，小徒弟一定会努力学习技艺，通过一技之长改变命运。

从这位老艺术家的话中，我们也不难悟出这样一个道理：优越的生活环境，往往会使人缺失前进的动力，从而停滞不前甚至是后退；而贫穷的生活，却会激起人们改变现状的欲望，推动人们走向成功。因此，贫穷能够激发起人们的欲望，使欲望升腾起来，帮助人们获得成功和幸福。

对于生活条件较好的富家子弟来说，每天睁开眼想到的可能是去哪里享乐，而对于生活困顿的人来说，他们却会思考今天该做些什么，如何填饱肚子挣更多的钱。贫穷可以使人明白只有通过努力才能改变现状，才能满足内心的欲望。虽然贫困不是获得成功的必备条件，但是欲望却是获得成功的原动力。贫穷会使得人的欲望升腾起来，从而为成功提供更大的推动力。

物质贫穷不能阻挡精神富有

在《犹太人法典》中，曾有这样两句话："不要看不起穷人，因为有很多穷人是非常有学问的。""不要轻视穷人，他们的衣衫里面埋藏着智慧的珍珠。"从这两句话中，我们不难看出聪明的犹太人对穷人的爱护和尊敬。

穷人虽然在物质上贫穷，但是他们在精神上却往往是富有的，因为物质的贫穷会使精神更加富有。我们可以把贫穷当作是一所学校，在这所学校中，人们可以学到各种与贫穷做斗争的方法，得到克服贫困的精神粮食。

美国前总统威尔逊出生在一个极其贫困的家庭，这让他从小便深深地感受到了贫穷的滋味，并且有了一颗不甘贫穷的心。在贫苦的生活中，威尔逊没有在娱乐上花费一美元，每一分钱他都要精打细算。除此之外，在威尔逊21岁之前，他还设法读了1000本好书，这对于一个穷人来说是一件多么艰难的事，从书中威尔逊学到很多知识。贫穷没有将他的精神困住，反而让他在精神上变得富有起来。之后，威尔逊去内笛克学习皮匠手艺，经过波士顿，在那里能够看见很多名人的纪念碑，还有历史名胜。他在整个旅途中仅仅花费了1美元6美分。后来在当地的辩论俱乐部中，威尔逊展露锋芒，当他进入议会后又发表了著名的反对奴隶制度的演讲，在不到二十年的时间里，威尔逊进入国会，最终当选为美国的总统。

威尔逊曾说过这样一句话："我承认我家的确是穷，但我不甘心。我一定要改变这种情况，这个念头无时无刻不在缠绕着我。可以说，我一生所有的成就都归结于我这颗不甘贫穷的心。"

贫困的家庭使得威尔逊早早地明白了生活的艰辛，也使得他在精神上变得更加坚强，坚定不移地想要改变这种困境。虽然在物质上威尔逊是贫穷的，但是他却有一颗不甘贫穷的心，在精神上拥有者巨大的财富。正像威尔逊话中提到的那样，是贫穷使得他在精神上变得更加富有，成就了他辉煌的一生。

穷人常常是指一个人在物质生活上贫困，缺乏钱财和保障，而我们看到的不少穷人，他们在精神上都是富有的，人穷志不穷。比如说秦末农民起义的领袖陈胜，原本只是个贫穷的农民，在贫困的生活中，却培养了他的鸿鹄之志，发出了"王侯将相宁有种乎"的质疑。贫穷并没有使他的精神饱受饥饿的折磨，反而使他发愤图强，敢于质疑王侯将相，在精神上已经远远超出了穷人的范围，超过了王侯将相们。

俗话说"富不过三代"，往往是因为物质上的富有导致精神上的贫穷而造成的。一般创业的一代，都是精神上富足的穷人，他们逐渐累积了财富，在物质上告别了贫穷，所以下一代人的生活会变得比较富裕，缺失了创业人的那种穷人的精神。当到了第三代人时，往往就会沉浸在富足的生活中，失去更多精神上的财富，最终导致物质上的财富也逐渐流失了。

古今中外，很多名人富豪都是靠着从贫穷的生活中，创造出的强大精神动力白手起家的。

拿破仑生活在一个贫寒的家中，他的父亲虽然意志高傲却手头拮据，但是他还是将拿破仑送入了贵族学校学习。在学校中，拿破仑经常受到同学们的嘲笑、欺辱，起初他也有过转学的想法，但是却被父亲否定了。从此，拿破仑坚定了信念要改变这种生活，早晚有一天脱离贫困，让看不起他的那些同学后悔嘲笑过他。于是，当拿破仑后来遇到同学们的嘲弄时，他不再意志消沉，而是化悲愤为力量，增强了打败那些富家子弟的决心，努力读书学习，为将来的成功奠定了基础。

进入军队后，拿破仑更是严格要求自己，努力充实自己，在精神方面不断地鼓舞自己。最后拿破仑在军事上初露光芒，受到了长官的赏识，逐渐成为了指挥千军万马的将军，成为了不可一世的皇帝。

拿破仑的成功离不开他打败嘲弄者的决心，他因为贫穷而获得欺辱的同时，也获得了强大的精神支柱。拿破仑并没有被困境所打败，贫穷使得他拥有了更多的精神财富，在各种逆境、困境中，能够脱颖而出获得成功。不仅改变了物质上的贫穷，还使得曾经嘲笑他的人听命于他，受他的指挥，再没有人敢嘲笑他贫穷。

作为一个生活贫困的人，不要埋怨上帝不公平，当上帝拿走你物质上的财富时，会给予你精神上的宝贵财富。莎士比亚曾说过："尽管贫穷却感到满足的人是富有的，而且是非常的富有。"物质上的贫穷能够使人获得更多的精神财富，成为精神上富有的穷人。一个精神上富有的穷人并不是真正的穷人，精神上的富有要比物质上的富有更加珍贵。穷人不要再因自己的贫穷而感到耻辱，要知道贫穷能创造出更多精神上的财富，这是再多的钱财都买不到的。

取舍有道，做人不必太计较

孔子说："富与贵是人之所欲也，不以其道得之，不处也。贫与贱是人之所恶也，不以其道得之，不去也。"这句话的意思是说：富和贵是人们想要的，但是不用正当的途径得到它，君子是不会要的。贫和贱是人们所厌恶的，如果不用正确的方法摆脱它，君子是不会逃避的。

从圣人的话中，我们不难看出做人要取舍有道。穷人虽然生活贫困，但是在精神上绝对不可以也贫困，想要摆脱贫穷的生活，就必须靠自己的努力通过正确的途径获得。

有一对靠卖豆腐为生的夫妻，每天起早贪黑地忙碌，但生活仍然过得很清贫。一天，来了一个妇女想买块豆腐，买完后还想沾点便宜，让卖豆腐的男子再给她添一点，男子不愿意，争执间妇女偷偷地抓走了一把黄豆，没想到不经意间把银子掉在了豆子堆里。卖豆腐的男子看见后很高兴，马上将银子收了起来，收摊回家后对妻子说："我们可以不用辛苦做豆腐了，今天捡了块银子，可以花一阵子了。"妻子却看也不看男子手中的银子，一边磨豆子一边对男子说："你捡了银子是高兴了，但是丢银子的人该多着急啊。我们日子虽然过得穷了点，但是也要有骨气，怎么可以随便贪图别人的钱财呢？你赶紧还回去吧！"男子听了妻子的话后觉得很有道理，于是就连夜将银子送还给了那个妇女。妇女收到失而复得的银子后，很是感激卖豆腐的男子，不仅做好了酒饭招待他，还取出了一两银子酬谢他。

故事中的夫妻虽然自己的日子过得很困难，但还是将捡来的银子还了回去，这种拾金不昧的做法，正是穷人爱财取舍有道的表现。卖豆腐的妻子虽然在物质上贫困，但是在精神上却是富有的，她懂得穷人也要有穷人的骨气，不能随意拿别人的东西，来路不明的钱财不能要。并且还设身处地站在丢钱人的角度考虑问题，劝说丈夫将银子送还回去。丈夫想明白后，听从妻子的建议还回了银子，不仅受到了失主的热情招待，还拿到了酬金。虽然酬金没有拾到的银子多，但却是丈夫拾金不昧得到的奖赏，银子来路光明，既能缓解下丈夫贫困的生活，又为他在精神上积累了一笔财富。

在获取财富的道路上，穷人会遇到很多诱人的条件，比如说面临鱼和熊掌的选择，二者都是自己想要的，但是却不可以同时得到，必须要舍弃一个。如果太在乎出身贫寒，就会丢掉奋进的力量；如果因生活的困顿，丢失内心的力量，即使暂时得到金银珠宝，也不会属于你太多时间。往往你计较的越多就会失去的越多，特别是和钱计较，钱也会和你斤斤计较，使你失去更多赚钱的机遇。

1929 年美国爆发经济危机时，约翰·梅瑞特还是一个穷人，为了维持生计与妻子一同去了旧金山，在他看来那里是个遍地黄金的地方。约翰经过了多次考察之后，开了一家冷饮店，但是因为资金不足，只能贩卖廉价的汽水，没过多久他们的小店就因为缺少顾客而关门了。

走投无路的约翰只好和妻子搬到了另一个地方，然后重新开了间冷饮店，但是没过多久，冷饮店再次被迫关门了。这次，妻子忍不住怀疑约翰选错了店址，但是约翰却坚持认为这个位置会成为繁华的地带。于是，原本就生活贫困的夫妻二人，不得不挤出一部分钱坚持付房租，以维持着店面。

不久后，约翰发现隔壁的面包店生意变好了，于是就和妻子商量着开了一家快餐店，借钱推出了一系列食品，这些食品正好能满足当时人们的需求，所以约翰的坚持获得了成果，他们的生意越来越好，最后他拥有了近千家的快餐店。

故事中的约翰在由一个穷小子变成"快餐店国王"过程中，取舍做得非常准确到位。首先因为贫穷而放弃了家乡，到比较繁华的旧金山去闯荡，虽然没有太多的钱，但还是努力开了间冷饮店，后来由于店址选择不当以及资金不足而关门。当约翰认识到失败的原因后，他重新考察市场，放弃了之前的店址，选择了一个新地址重新开店。由于经济不景气冷饮店再次被迫停业，相信很多人在遇到这种情况后都会退缩，但是约翰没有，他坚信自己的选择。所以在生活困顿时，仍抽出一部分钱交房租维持使用权，后来看到面包店赚钱后，果断地放弃了失败了两次的冷饮店，改为快餐店，最终取得了成功。

约翰取旧金山而舍弃家乡，取新店址而舍弃旧店址，取快餐店而舍弃冷饮店，在这一次次的取舍之中，最难的是冷饮店第二次关门后，约翰仍然坚持租用店面而没有计较花费多余的租金。对于一个普通人来说，放弃手中的东西不容易，但要做大事就得学会放弃。

在取舍之间，难免会有各种的利益牵连，有些是大利润，有些是小利润，如果过于斤斤计较，不能将该舍弃的舍弃，难免会失去之后获得更大利益的机会。另外，君子爱财，取之有道。我们在致富的过程中，一定要学会取舍之道。

不义之财乃祸害，人生知足才富足

老子曾说过："祸莫大于不知足；咎莫大于欲得。故知足之足,常足也。"意思是不知足是最大的祸害，贪得无厌是最大的罪过，所以知道满足的人，才能永远得到满足。从这句话中我们不难看出因贪得无厌而获得的不义之财，会使人罪孽深重。懂得满足的人才能够知足，永远快乐富足。

对于每个做着发财梦的穷人来说，不义之财都是祸害，是造成罪恶的源泉，因此应该学会知足，人生要知足才会变得富足。我们都知道犹太人很聪明，他们善于经商所以很富有，但是他们却从不会贪图不义之财，他们的富有源于他们懂得知足。在《犹太法典》中就记载着这样一个故事：

曾经有一个以卖柴为生的穷小伙子，他经常把从山上砍好的木柴背到城里卖，为了能够节省来回运输的时间，小伙子决定买一头毛驴帮忙。于是，他向一个阿拉伯人买了一头驴，就在返回山上的途中，他忽然发现驴的脖子上挂着一颗钻石。这时他身边的人都替他感到高兴，说这下子你以后就不用再靠打柴为生，把钻石卖了你就能脱离贫穷变成富人了。但是这个穷小伙子却并没有听大家的话，而是马上返回了城里，找到那个阿拉伯人将钻石还给了他。阿拉伯人惊喜地拿着失而复得的钻石，反问穷小伙子说："你明明买走了驴,钻石就挂在驴的脖子上，为什么还要把钻石还回来？"穷小伙子回答道："我们犹太人只能获取自己所购买的物品，不可以贪图他人之物，否则就会受

到神的处罚。我购买的只有驴而已，并非这颗钻石，所以特地

送还给你。"

故事中，穷小伙子虽然靠卖柴为生，生活贫苦，却不曾将钻石占为己有。相信很多人遇到这种情况都不会这么做的，都会认为买了驴，而驴身上有钻石，那钻石也应该是属于自己的了。然而犹太人的传统却是，只获取自己所买之物，小伙子坚定地认为自己买的只是驴，并不包括驴所带来的钻石，因此应该将钻石归还给原主。像这种不取不义之财，懂得知足的做法，值得我们每一个人学习。这样既避免了受到不义之财的危害，又使自身得到了满足，获得了快乐。

假设故事中的小伙子因为贪图钱财，而将钻石占为己有，那很可能就会给自己带来麻烦。也许他会天天担心阿拉伯人找上门来向他讨要钻石，也许他会因为不知道该如何处理这颗钻石而终日忧心忡忡，也许他会害怕有一天钻石被偷走或是遗失了，这样小伙子就会陷入不义之财埋下的陷阱中，不会再快乐了，在精神上也会变得贫穷。

生活中，往往有些穷人在获得了财富后，就会变得更加贪婪，想要获取更多的财物而不懂得知足，这样就会变得贪得无厌，迟早会被不义之财所连累。

在《菜根谭》中，有这样一则对联：贪得者分金恨不得玉，封公怨不授侯，权豪自甘乞丐；知足者藜羹旨于膏粱，布袍暖于狐貂，编民不让王公。这句话是在告诉人们：不要贪恋不义之财，人生要懂得知足才会富足。贪心不足的人，给他金银他会嫌弃不是珠宝，封他为公爵他会埋怨没有封为侯爵，即使是身份尊贵却活得还不如乞丐。懂得知足的人，即使吃的是野菜也能甘之如饴，即使穿着普通的布袍也会觉得比皮貂更暖和，尽管出身贫贱也会活得比王公贵族更加自在。

有一个老人靠打猎为生，一家人的生活过得很艰难。他经常到山间打猎，渴了就到一股山泉边喝水。忽然有一天老人在喝水时，发现泉水中竟有金光闪闪的金砂，于是老人便高高兴兴地从水中捧了一把金砂走了。之后，老人再也不上山打猎了，只是隔一段时间就到山泉边捧一把金砂走，慢慢地日子过得富裕起来。开始时老人对这个秘密守口如瓶，但有一天不小心告诉了自己的儿子，老人的儿子听说后很是惊喜，就鼓动着老人将山泉扩大，这样也就可以得到更多的金砂了。于是父子俩就将石缝凿宽，把山泉扩大了好多倍，他们心想着这样金砂也会变多，天天跑到山泉边看金砂，结果不久后金砂不但没有增多，反而都消失不见了。

故事中的这对父子，到最后不但没有得到更多的金砂，反而失去了所有的金砂，这就是因为贪婪而造成的结果。老人在得到金砂后，就不愿再翻山越岭地打猎，不愿再过贫穷的生活，而是当没钱时就去拿金砂，这也是一种贪得不义之财的做法，最终会害人害己。老人的儿子更是不知足，竟然还鼓动着老人将山泉扩大，不想结果却是失去了所有的金砂。试想如果老人还像之前一样进山打猎，老人的儿子并没有贪心的想要获得更多的金砂，那老人现在的生活应该依然会很贫穷，但却又会是充实和富有的。

古今中外，有多少的穷人像这对父子一样，因为不懂得知足而获取了大量的不义之财，最终走上了绝路。老子曾提出"知足者富"的观点，告诉人们只有知足才能富有。我们都知道明朝的开国皇帝朱元璋原本是个乞丐，最终却建立了一个王朝，他曾教育大臣们说："你们要清清白白地做官，靠自己的俸禄过日子，这就好像是守着一口井，虽然井水并不满，但是却能时时刻刻都能汲出水来。"也许正是之前贫困的生活，让朱元璋悟出了这样一个道理，警告他的大臣们不要贪图不义之财，否则就会受到惩罚。

不义之财是祸害，会使人变得贪婪不知足，从而沦为金钱的奴隶，变得更加贫穷。因此，对于穷人来说，一定不要贪图不义之财，要学会知足，只有懂得知足才能变得真正富有。

贫穷与富有的距离就是机遇

贫穷并不是命中注定的，没有谁生下来是穷人，就要注定做一辈子的穷人。富兰克林曾经说过："贫穷本身并不可怕，可怕的是自己以为命中注定贫穷或一定要老死于贫穷的思想。"从这句话中我们可以看出，穷人应该努力摆脱永远贫穷的思想，相信自己也是可以变得富有的。

贫穷与富有之间的差距，往往只有一个转身的距离，即贫富之间的距离就是机遇。而机遇对于每个人来说都是平等的，想要由贫穷变得富有，只要穷人有致富的想法，能够抓住机遇就可以获得财富了。

在美国的路易斯安那州有个叫福勒的黑人孩子，他出生在一户佃农的家里，还有七个兄弟姐妹，从五岁起他就开始帮家人干活，不到九岁就能够赶骡子。虽然家庭生活十分贫穷，但是他却有一位不平凡的母亲。他的母亲曾对福勒说过自己的梦想，她说："我们贫穷并不是因为上帝的缘故，而是因为你的父亲从来没有过致富的愿望，他甘于贫穷地度过一生，所以我们一家才会变成穷人，我们原本也可以成为富人的。"幼小的福勒被母亲的话深深地触动了，他不再是之前的那个胸无大志的小孩，在他的心中充满了要成为富人的想法，于是，他开始了追逐财富的一生。

福勒决定经商挣钱，于是他开始走家挨户贩卖肥皂，并且坚持了十二年，在这十二年里他靠出售肥皂积攒了 25000 美元。

后来他用这笔钱以及借款买下了一家破产的肥皂公司。由于他
脑中深植致富的梦想，所以在今后的日子里，他不仅成功地经
营了一家肥皂公司，还拥有其他七家公司的控股权，终于成为
了一名富人。

对于福勒来说，他出生时无疑是个穷人，但是后来受到了母亲的影响，
认识到自己也可以变得富有，从而改变了之前将会贫穷一生的想法。他努
力地积攒财物，想要变得更加富有，终于在肥皂厂破产的时候抓住了机遇，
成功地将肥皂厂买了下来。这不仅改变了他挨家出售香皂的现状，还使得
他抓住了挣大钱的机会，从此在经商的道路上获得了更大成就。

从福勒由穷变富的过程中，我们也能发现致富的关键，不在于你有
多穷，只要你想要发财，把握住机会就能够获得财富。在很多时候，也
许贫穷的生活也使得你想要有所改变，想要变成一个富人，但是却往往
错过了机遇。机遇对于每个人都是可遇而不可求的，贫穷与富裕之间隔
的往往只是一个机会而已，因此穷人一定要学会抓住机遇，这样才能够
成功摆脱贫穷。

有一个富人同情穷人的不幸遭遇，于是送给他了一头牛，
想要穷人用牛耕地然后收获更多的粮食，卖更多的钱。穷人也
很感激富人的善心，于是春天时他努力地开荒种地，但没几天
穷人就放弃了。他想到牛要吃草，人也要吃饭，生活还是这么
地贫穷，不如把牛卖掉买几只羊吧，然后生了小羊后再拿去卖
钱，于是穷人把牛卖掉了。穷人买了羊之后，先杀了一只羊吃，
等他快把羊都吃完了，还是没有小羊出生。穷人就想这样等下
去自己还是会饿死的，不如把羊卖了改成养鸡吧，这样不仅可
以卖鸡蛋，还可以卖小鸡。于是穷人将羊都卖掉了，买了几只鸡，

穷人按照自己的想法做了，但是生活仍然很贫困，于是他就忍不住杀鸡吃。直到还剩下一只鸡时，穷人意识到自己已经错失了致富的良机，于是干脆将最后一只鸡给卖了，买了一壶酒喝，醉了就躺着呼呼大睡。等到一年后，富人回来看穷人时，惊讶地发现穷人依然过着贫穷的生活，于是富人明白了贫穷的原因。

通过这个故事，我们不难看出贫穷与富贵之间的差距，在于是否能够抓住机遇。当富人送给穷人一头牛时，是希望穷人能够用牛耕地，然后等到秋天收获更多的粮食，从而变得不再贫困。如果穷人抓住了这次机遇，按照富人的想法做了，那相信穷人一定能够赚取一定的钱财，达到致富的目的。但是穷人却没有把握住机会，没有放弃注定贫穷的想法，而一次又一次地将机遇拒之门外，由此而真的注定了贫穷的结果。

其实贫穷和富有都不是命中注定的，通过后天的经历都是可以改变。富人可以因为挥霍无度而变得贫穷，穷人也可以因为努力而获得富有。但如果穷人始终都意识不到这点，他就会一直贫穷下去。一旦穷人有了致富的想法，只要他能够抓住机遇，就一定能够获得财富，摆脱贫穷的生活，走向富有幸福的生活。

就像克拉克说的那样，"愚蠢的行动，能使人陷于贫困；投合时机的行动，却能令人致富。"穷人要学会忘记过去的穷想法，树立起致富的观念，然后伺机而动抓住机遇，就一定能够获得财富摆脱贫穷。

第 七 章

抗 压：

人生最大的对手是我们自己，要微笑着逆风飞扬

>>>>

　　困难再多，总有办法解决，如果困难是一座
险拔的高山，那么你要做的首先就是有面对它的
勇气。

勇于挑战困难，书写精彩人生

顽铁只有经过淬炼才能成为宝剑，岩石只有经过打磨才能成为璞玉，梅花只有经历了寒冷才能显示出它的品格。的确，困难有时候虽是阻挡成功之路的绊脚石，但是，它也有可能会成为通向成功的阶梯，关键要看你自己的态度。一般只有经历过重重困难考验的人，才能磨练出顽强的意志，才能有勇气面对更大的困难，就算在成功之后，也依然会保持警惕，不至于让成功来得快，去得也快。艰难困苦对于我们每一个人来说，都是一种财富，不需要刻意回避，勇敢地向其发起挑战。

霍金在剑桥读研究生的时候，就被诊断患有"卢伽雷病"。而在之后不久，就完全瘫痪了。1985年，霍金又因为肺炎进行了穿气管手术。这让一个瘫痪的人面临不能说话的打击。从此，霍金只能依靠安装在轮椅上的小对话机和语音合成器与别人交流。

有一次，在学术报告结束之际，一位女记者健步登上讲坛，面对着这位在轮椅上已经生活了30余年的科学巨匠，满含景仰，同时，又对霍金产生了怜悯："霍金先生，卢伽雷病已经将你永远固定在轮椅上，你不认为命运让你失去了太多的东西了吗？"

霍金的脸上露出恬静的微笑，他用还能活动的手指，艰难地敲击键盘，随着合成器发出的标准伦敦音，记者清楚地听到了这么几句话：

我的手指还能活动，我的大脑还能思维；我有终生追求的理想，有我爱和爱我的亲人和朋友；我还有一颗感恩的心……

不可否认，霍金是个非常坚强的人，是真正的英雄，他所面临的是任何常人所无法想象的痛苦与绝望。没有人能够保证他在事业、人生的旅途上还能做出点什么，但是正是由于他对自己坚定的自信和勇于挑战困难的决心，才支撑他创造了令人难以置信的奇迹。

困难在人生中是必不可少的，因为只有困难，才能让我们得到磨练；只有突破了困难，我们才变得更加强大，我们的人生才会更加完美。人类之所以会有今天的地位，最主要的就是我们敢于挑战各种各样的困难，以至于人类适应生存环境的能力越来越强大，甚至能够控制生存环境。所以，我们不应该拒绝困难，只要我们能够不断地战胜困难，那么我们就能够不断地突破自我的局限，具备越来越强大的能力。

在一个山村里，有一个老人在山里打猎的时候捡到了一只怪鸟，他并不知道这只鸟是什么，只是觉得很好奇，于是他把它带回家。一段时间之后，这只怪鸟越长越大，人们也逐渐看了出来，这只鸟原来是一只鹰。

村里的人开始害怕了，纷纷要求老人把鹰放走。可是，这只鹰由于过惯了安逸的生活，已经失去了野外生存的能力，根本无法离开。

老人在没有办法的时候找来了养鹰人。养鹰人说："你把它交给我吧，我保证会把它送走。"养鹰人把老鹰带到一个悬崖边上，使劲抛落，眼看那只老鹰笔直地下落，就要撞上石头。突然，它振动翅膀，慢慢地飞了起来。在苍穹中盘旋了一会儿，最终消失在茫茫天际。

　　我们每个人都具有无穷的潜力，如果没有环境的逼迫，我们始终无法将这部分潜能激发出来。唯一激发的办法就是向困难发起挑战，因为困难会将我们逼入绝境，使得我们不得不"置之死地而后生"，在那种情况下，我们会把全身的能量都用来克服困难。等到困难克服的时候，我们的潜能也就被激发出来了。

　　世上那么多成功的政治家、企业家、科学家以及其他方面的成功人士，他们的人生也和我们一样，都曾经有过非常多的困难。但是他们没有被困难所吓倒，在逆境面前，他们始终微笑面对。最终凭借着不断地努力，他们取得了最后的成功。

　　现实中，我们应该怎样去挑战困难呢?

1. 首先你要迎接困难，不要抗拒它

　　接受现实，我们才能从中学习并继续前进。不是每一次困难我们都能战胜，但当遇到困难时，我们还是应该坦然地去面对，不要被挫败感所打败。

2. 审视自己的思想，选择有建设性的方式，有意识地做出回应

　　我们的信念和决心比任何不幸更加强大。在遇到困难时，我们应该以坚定的信念和行动来打败它们，这样会使我们变得更加坚强、聪明。

3. 祸兮福所倚，生活以它独有的方式教育着我们

　　它把我们击倒，我们必须苦苦挣扎才能重新站起来。如果我们遇到问题能够抱着解决问题的想法去做，就一定能够克服困难，面对一切问题。

　　没有经历过困难的成功就像是没有打好地基的楼房，建得越高，越容易坍塌。如果我们的人生一直是一帆风顺，那么即使遇到小小的风浪，也会让我们翻船。只有在波涛汹涌的大海里历练过之后，才能抵御大风大浪。困难会在一时之间阻碍我们前行的脚步，却在这一段时间增强了我们的能力，让我们未来的人生之路走得又稳又好。

人生没有过不去的坎儿

俗话说：月有圆缺，人无完人。人不可能什么事情都做得非常完美，有得必有失，很多人在人生路上都有多多少少的小沟小坎儿，也许，在当时这些坎儿对于我们来说，是很艰难的，但是一旦跨过去，就会变成我们口中轻描淡写的小插曲。是啊，坎坷和人总在较劲，只要你挺住了，就肯定会迈过去。

我们每个人都是有潜力的，就好比人的承受能力，它就远远超过我们的想象。当我们在没有面临痛苦的打击时，我们肯定会认为承受不了，可一旦必须面对时，就算再承受不了也要承受。

没有人不想活得开心，但是，如果你在乎得太多，肯定就会觉得很累。所以，想要自己不那么累，就不要太过在乎别人对你的看法。只要我们计较得少，我们就能非常快乐。人的一生就好比弹指一挥间，转瞬即逝了，世界上所有的事情都只不过是些过眼云烟，我们又何必计较太多，顾虑太多呢？这样只会徒增人生的不快罢了。

如果你失恋了，没关系，天涯何处无芳草；如果你高考落榜了，没关系，大不了我们重新再来，并且你要知道自学也能成才，爱迪生也没有上过大学；如果你被解雇了，没关系，此处不留爷，自有留爷处；如果你生意失败了，没什么大不了，还有机会重新开始。人生苦短，不必计较太多，成败得失，一任自然，我们没有什么过不去的坎儿。

有一个农村妇女，她在18岁的时候就结婚了，可是在26

岁的时候，日本鬼子侵略了中国，在农村进行大扫荡，她不得不带着两个女儿、一个儿子东躲西藏。村里的很多人在受不了这种逃亡的日子的时候，就想要自尽。她得知后，主动劝他们："别这样啊，没有过不去的坎儿，日本鬼子不会总这么猖狂的。"

终于，日本鬼子被赶出了中国，她又过上了安稳的生活，可是她的儿子却因为疾病而夭折了。丈夫为此伤心欲绝，躺在床上两天两夜不吃不喝。她抑制住心中的悲痛，流着眼泪对丈夫说："咱们的命苦啊，不过再苦咱也得过啊，儿子没了咱再生一个，人生没有过不去的坎儿。"

后来，她又生了一个儿子，可是不久，她的丈夫因为水肿病而离开了她，一时之间，她失去了主意。但是看着三个未成年的孩子，她还是咬咬牙挺住了，她对三个孩子说："爹死了，娘还在呢，有娘在，你们就别怕，没有过不去的坎儿。"

她含辛茹苦地照料着三个孩子，终于他们都长大了，生活也慢慢地好起来了。两个女儿嫁人了，儿子也结婚了。已经了无牵挂的她逢人就说："我说吧，没有过不去的坎儿，现在生活多好啊。"

可是上天对这个历经波折的女人并不眷顾。有一天，她在照看自己的孙子时，一不小心摔断了腿。由于年纪大了，不能做手术，她只能一直躺在床上。她的孩子们围在床头哭，她却说："哭什么，我还活着呢。"

虽然下不了床，她还是坐在炕头做着她力所能及的事情。直到86岁的那一年，她的生命即将终止，她对守在跟前的儿女们说："都要好好过啊，没有过不去的坎儿……"

人生中，没有什么是我们过不去的。当我们在不幸的事情发生一段时间之后，再回忆那些曾经令我们肝肠寸断的事情，伤痕虽犹在，但是疼痛已然消失。我们所说的承受不了的事情，只不过是在事情发生的时候承受不了，随着时间的推移，这些承受不了的事情也就变得能承受得了了。

"没有过不去的坎儿"，简短的一句话，简单的八个字，却包含着很深的哲理，它告诉我们，无论是面对怎样严寒的冬天，终将迎来冰雪融化，春暖花开的美好时光。再大的苦难和困境，也有过去的那一天。那些在当时当地都让我们痛不欲生的事情，随着岁月的流逝，在我们的心中慢慢地沉淀、发酵，最后成为最珍贵的"陈酿"。

当我们在鸟语花香的春天，品着最美的"陈酿"，再回首看看之前的苦难时，你会发现，自己一路荆棘一路泥泞地冲出重围，身上那些划破的伤口早已愈合，留下的是象征荣誉的疤痕，那些刮烂的衣服随风飘扬，是宣告成长的旗帜，那些斑斑点点的泥巴也都变成了耀眼的金子，它们是苦难留给我们的财富。

世界何其广阔，人生何其丰富，每天都会有新的事情发生。我们不禁要问：面对那些让我们措手不及的苦难，应该怎么做呢？

1. 保持乐观平和的心态

那些过去了的事情就让它永远过去吧！最重要的是从现在起，从经历每一次苦难起，在无常的人生中，不论欢喜还是痛苦，无论享受还是煎熬，都让自己的心灵变得平和乐观。在每一次的经历中，都学会思考：这次我学到了什么？如果事情不是这个样子，我又该如何应对？是唉声叹气，怨天尤人？还是休养生息，时刻做好重新出发的准备？

苦难带给我们的有思考，下一次再面对时，我们就会更加从容不迫。

2. 让心灵细细地感悟

当我们面对人生中的困苦时，面对自己情感的巨大起伏时，如果能设想几年或者是几十年后，自己会如何对待这样的事情，困苦将不再是困苦，而是帮助我们成长的一剂良药。我们的胸怀也将因此更加的广阔，如果能拥有大海一样的胸怀，保持内心的纯洁和蔚蓝，那些生活中的流言蜚语，细节琐事又怎么会轻易影响到我们呢？

3. 从他人身上学习经验教训

每个人都会因为年龄或者阅历的原因，做过一些追悔莫及的错事，走过一段难以避免的弯路，经历过一些他人不曾经历过的挫折。有一些事情有前车之鉴，我们便没有必要再做错一回，善于从他人的错事、弯路、挫折中吸取经验、历练自己的心灵，我们就在不断成长，以后就会少做错事、少走弯路、少经历挫折。

4. 学会倾诉

遇到困难时，不要总想着凭借自己的一己之力无法对抗困难。每个人都不是孤独存在的，身边都有一些朋友和亲人，他们的经历丰富，如果我们把内心的困惑告诉他们，还可以得到帮助，困惑也能得到解答，难题自然就迎刃而解了。

5. 不要轻生

因为苦难而轻生是最没有出息的，人活着就一定会经历痛苦，人死了，虽然没有了痛苦，但是也没有了快乐。并且，劝大家不要抱有来生的幻想，现在根本无法证实到底有没有来生，你死了，什么都完了。

有一句非常哲理的话来说："人只有在遭遇重创之后，才会醒悟，才会树立起自己的目标，才会重新开始自己的坚强和隐忍。所以，无论你正在遭遇什么磨难，都不要一味抱怨上苍不公平，甚至从此一蹶不振。人生没有过不去的坎儿，只有过不去的人。"

以乐观的心态来面对压力

人生，是通过我们一步一步走出来的，我们每走一步，就会有一个压力扑面而来，只有我们克服了这一个个压力，我们才能走得更远。当压力来临的时候，如果我们选择逃避，那么我们就永远只能原地踏步，看着别人离自己越来越远。而我们只有以积极的心态从容地应对，这才是强者的风范。

在充满竞争的当今社会，谁都无法回避来自各个方面的压力，并且，随着社会转型期的到来，人们面临的压力将会越来越大。我们无法改变这些时代背景，但是我们可以改变面对压力的心境，我们可以通过不断地调整自己的心态，努力去适应它。

上帝给人们的压力是有多有少的，有时候，上帝会让有些人承受来自身体上的压力，这些压力落到我们身上就变成了缺陷。这些缺陷，有的是从娘胎带出来的，有的是后天形成的；有的明显，有的不明显。但是，不管怎么样，这些压力一旦形成就是无法抗拒的。如果我们因为自己有缺陷就完全否定自己，那么，我们的生活一定是充满痛苦的。相反，如果我们用直观的态度来看待自己的缺陷，用乐观的心态来面对每一天，我们相信，我们一定会比那些没有缺陷的人过得更加精彩。

在澳大利亚，一个小男孩降生了。但是，这个小男孩天生畸形，身体只有可乐罐那么大，没有肛门。医生断言，这个小男孩活不过 24 小时。伤心的父母已经为他准备好了小衣服、小棺材、小墓地，可是他却坚强地活了下来。后来，医生又说他活不过一周，可是他并没有如医生预言的那样死去。最后，他的父亲把他带回了家，并为他取名约翰·库缇斯。

约翰虽然活了下来，但是他的童年是不快乐的，同学欺负他，甚至连家里的狗都敢欺负他。他的父亲严肃地告诉他："你必须自己面对一切恐惧，勇敢起来！"

长大后，约翰因为他残疾的身体成为别人拒绝他的最大理由。在经历过无数次的失败以后，约翰终于在一家杂货铺找到了工作，开始过上了能够自食其力的生活。虽然约翰身体残疾，但是他却非常喜欢体育运动，12岁的时候，他就开始打轮椅橄榄球。由于没有双腿，约翰做什么事情都需要用双臂，这使得他的臂力惊人。1994年，约翰成了澳大利亚残疾人网球赛的冠军；2000年在全国健康举重比赛中排名第二。

一次偶然的演讲机会，开创了约翰人生的新高度。在那一次的演讲中，他讲述了自己的人生经历，当时在场的所有听众都被他的故事深深打动，其中有一个小女孩告诉他，她曾经为自己的不幸而伤心，甚至有了自杀的念头。但是听了约翰的故事之后，她觉得自己没有什么不幸，并因此而放弃了自杀的念头。这件事情给了约翰启迪，于是他开始到世界各地演讲，通过自己的故事，激励其他不幸的人，让他们走出人生的黑暗，重新获得生活的希望。约翰·库缇斯的口头禅是：因为我们能行。正是这种信念，支撑着他完成了很多正常人也不可能完成的事情。

我们相信，决定一个人生活的关键要素是自己的选择，而不是上帝的安排。只要我们能够敢于向命运抗争，用我们乐观的心态来挑战命运，那么就一定能够摆脱缺陷带来的困扰，和其他人一样拥有同样精彩的人生。

人生就像是旅行，每个阶段都有不同的风景，如果把每个阶段的"成败得失"都扛在肩上，那今后的路还怎么走？所以，把你的旧包袱埋葬了吧，跟往事干杯吧，这样你才能以更好的心态去面对未来。快快乐乐是一生，悲悲苦苦也是一生，怎么选？你自己决定！有位名人说过："困苦人的日子都是愁苦，心中欢畅者，则常享丰宴。"但凡那些能用乐观的心态去面对压力的人，总能在挫折中寻找到宝藏，总能用微笑迎接来自各个方面的压力。相反，那些消极自卑的人经常会有悲伤、失落的情绪，在面对压力的时候总是畏首畏尾，自认不如，最后导致思想压力越来越大。

　　有个秀才进京赶考，住在一个客栈里，在考试前两天，这个秀才做了三个梦，第一个梦到自己在墙上种白菜，第二个梦是下雨天，他戴了斗笠还打伞，第三个梦是梦到跟心爱的表妹脱光了衣服躺在一起，但是背靠着背。这三个梦似乎有些深意，秀才第二天找算命的解梦。算命的一听，说：你还是回家把。你想想，高墙上种白菜不是白费劲吗？戴斗笠还打雨伞不是多此一举吗？跟表妹都脱光了躺在一起，却背靠背，不是没戏吗？秀才一听，心灰意冷，回店收拾包袱准备回家。店主觉得奇怪，询问之下秀才知原委，店老板一听乐了：我也会解梦啊，我倒觉得，你这次一定要留下，你想想，墙上种菜不是高种（中）吗？戴斗笠打伞不是说明你这次有备无患吗？跟你表妹脱光了背靠背躺在床上，说明你翻身的时候就要到了。秀才一听，更有道理，于是精神振奋地参加了考试，居然中了个探花。

这个故事充分地说明了一个道理：心态决定成败。这里秀才做的梦，我们可以把它看作是秀才的压力，而算命的就是消极的心态，店老板就是乐观的心态，秀才就是因为选择了乐观的心态，才取得了最后的成功。

在现实生活中，压力无处不在，无处不有，它已经渗透到人们生活的每一个角落。那么，我们该怎样正确面对压力呢？

1. 自我反省和写压力日记

对于一个积极进取的人而言这些都是非常有用的，当我们每天早上起床的时候，第一件事情就是要告诉自己用积极的心态来面对这一天。告诉自己，就算今天会过得很糟糕，也要非常的快乐，因为那些糟糕的因子能伴随着我们成长。同时，我们也可以写日记，把不开心的事情全部都写在上面，时间长了，当你再次翻开自己的日记的时候，你会发现，那些事情真是微不足道，并且通过检查你的日记，你可以发现你是怎么应对压力的。

2. 留出休整的空间，不要把工作上的压力带回家

主动管理自己的情绪，注重业余生活，当我们忙碌一天回到家里时，就不要再把工作上的压力带回家了，家是个温馨的地方，可以让人放松。当我们感到压力不可忍受的时候，我们就要学会释放压力，可以选择适宜的运动，来锻炼忍耐力、灵敏度或体力，把这些压力通通发泄出去。

3. 不要让你的安排左右你，你要自己安排你的事

工作压力的产生往往与时间有非常大的关系，时间越是紧迫，压力就越大。而解决这种紧迫感的最有效方法是进行时间管理。我们应该事先安排好一天的工作，权衡一下各种事情的优先顺序，把那些比较重要但又不是很急的事放到首位，防患于未然。这样才不会总是处于被动的救火之中。

我们在害怕危机的时候，也要相信，危机即是转机，当我们遇到困难的时候，就会产生压力，但是，我们要以正向乐观的态度去面对每一件事。可以这么说，如果一个人常保持正向乐观的心，处理问题，那么，他就会比一般人多出 20% 的机会得到满意的结果。

将自卑转化为进取的动力

我们知道，自卑其实就是一种负面情绪，它让人消极。无论在生活还是工作中，都会有很多自卑的人，他们认为处处不如人，事事都没有别人做得好，常用的借口是："我能力太差！"这种自我评价会让自己轻视自己，认为自己永远无法赶上别人，活在自卑的阴影下，逐渐自惭形秽，丧失信心，进而悲观失望，不思进取。

无论是什么人，无论是贫穷还是富贵，在潜意识里面，都多多少少会有自卑的因子，只是程度不同而已。其实，在那些成功人士看来，自卑本身并没有坏处，并且，从某种程度来讲，自卑还是一个人进步的动力，这就是所谓的"有阻力才有动力"。我们的人生就是在不断战胜自卑中才会渐入佳境的。所以我们无论是在生活还是在工作中，感到自卑的时候，都一定要用积极的心态去面对，去解决。这样下来，就能养成一种主动解决问题的习惯。虽然，我们不能把所有的问题都解决掉，但是只要我们有解决问题的勇气和信心，不去自卑，那么我们能够解决的问题就会越来越多。

瑞士学者、分析心理学之父荣格曾经说过：自卑可以成为人前进的动力。他认为，自卑主要是来自于人内心的自尊，对于一个善于自我调节的人来说，自卑和它背后的自尊是可以激发他内心赶超别人的心理，进而促使他产生更强的拼搏劲头。

我国近代著名的书法家和外交家叶公超出生在官宦人家，16岁时即赴美留学。良好的家庭背景理应让叶公超具有极强的自信，但到了美国之后，由于种族歧视，白种人对黄种人尤其是中国人的歧视，让他的心理产生了极大的落差，自卑的情绪顿时布满心头，这让叶公超变得非常沮丧。但是，自卑并没有打败叶公超，因为他觉得，别人越是看不起自己、自己越是比别人差，就越是应该通过努力来改变这一切。渐渐地，他心中的自卑逐渐被学习的动力所代替，白人同学努力一分他就努力十分，通过没日没夜的刻苦努力，叶公超终于积累了扎实的文化功底，并逐渐为同学所认可。

有一次，叶公超在美国公开演讲，他不看讲稿便出口成章，演讲完毕，三四百位听众起立鼓掌，历数分钟不息。在场的多位美国教授都赞许他的英语是"王者英语"，声调和姿态简直可以和英国首相丘吉尔相媲美。

人的潜力是无穷的，而唯一能够抑制人潜力的发挥的就是人的内心。一个自卑的人如果总是躺在自卑的泥潭里不敢起身，那即便有再大的潜力也将会随时间的消逝而流失，而如果他能够战胜自卑，成功地站起来，那谁又敢保证他不能走出辉煌的旅程呢？

早在几十年前的美国，黑人作为社会底层是被普遍歧视的，但是，现在我们能够看到，有些黑人却成功地摒弃了自卑，战胜自己的内心，取得了很多白人都很难达到的成就。

一位黑人母亲带女儿到商场买衣服。在想要试衣的时候，被一个白人店员挡住，傲慢地说："这个试衣间只有白人才能用，你们只能去储藏室里一间专供黑人用的试衣间。"于是，这位母亲对店员说："我女儿今天如果不能进这间试衣间，我就换一家店购衣！"女店员为留住生意，只好让她们进了这间试衣间。

有一次，女儿在一家店里，看见了一顶她喜欢的帽子，于是摸了摸，但却受到白人店员的训斥，这位母亲挺身而出："请不要这样对我的女儿说话。"然后，她对女儿说："康蒂，你现在把这店里的每一顶你喜欢的帽子都试一下吧。"女儿快乐地按母亲的吩咐真把每顶自己喜欢的帽子都试了一遍，这让那个女店员只能站在一旁干瞪眼。

面对生活中的各种歧视和不公，母亲对女儿说："孩子，记住，这一切都会改变的。这种不公正不是你的错，你的肤色和你的家庭是你不可分割的一部分。这无法改变也没有什么不对。要改变自己低下的社会地位，只有做得比别人更好，你才会有机会。"

从那一刻起，不卑不屈成了女儿受用一生的财富。后来，她荣登福布斯杂志 2004 年全世界最有权势女人的宝座，她就是美国国务卿赖斯。

我们要知道，美国前国务卿赖斯、鲍威尔将军，还有奥巴马总统，他们都是出身贫寒的黑人，但他们却用自己的努力战胜了肤色的差异，在这块自由的土地上开出了最鲜艳的花朵。人的命运本就是千差万别的，我们的生活不可能一帆风顺，无论是伤痛烦恼还是失败挫折，这都是我们必须经历的。在这些恶劣的因素面前，我们产生自卑的情绪很正常，但千万不要把自己停留在自卑中不肯出来，我们要满怀信心迎接生活的挑战，这样定能战胜自我，走出自卑的泥潭。

现实生活中，我们应该怎样运用好自卑呢？

1. 要正确地认识自卑感

有人认为，自卑是一种有弊无利的不治之症，所以每当自卑来袭的时候就觉得像是患了绝症一样的绝望。其实，这种认识是不正确的，它不但不会帮助人们消除自卑，还会加重自卑心理，最后出现无法想象的后果。

所以，我们一定要克服了心理上的障碍，让自己更有前途。

2. 承认自己有自卑的情绪

天外有天，人外有人，一个人不可能在各个方面都能出类拔萃。在某些时候、某些方面都有可能会有不如别人的时候。所以，出现自卑也是正常的，大可不必以此为耻而自暴自弃，更犯不着用狂妄自大、目中无人去掩饰，那只是自欺欺人。

3. 进行积极的自我暗示

每当我们遇到信心不足的时候，最好是要自己给自己壮壮胆，进行积极的自我暗示："我一定好好干，我能行。""我一定会成功！"……这样，一旦你怀着"豁出去"了的心理去做这件事就有可能成功。反过来，如果你对自己进行一种消极的暗示，那么很可能就会抑制自信心，进而产生退缩、逃避行为，这样是很难取得成功的。

4. 正确地对待挫折

人的一生，遇到挫折和打击是在所难免的，各类人的承受力也不一而同，但解决挫折最有效的手段就是无视，并且不要使劲地逼自己，对事不要力求完美，这样你才能过得轻松。

5. 正确认识自己

看到自己的长处。"尺有所短，寸有所长。"我们每个人肯定都有属于自己的长处，你可以把自己的长处通通拿出来和别人比一比，你就会发现，虽然你在一些事情上不如别人，但是，别人在某些事情上肯定也不如你。

其实我们在挑战自卑的时候，就是在挑战那个缺少自信的自我，所以，当面对自卑的时候，我们首先是要改变我们的心态，把自卑化为动力，这样才能走向成功。纵观世上，许许多多的成功者都是在克服了自卑后才走向成功彼岸的。成功者能做到，我们同样也能做到。

人生最大的敌人其实就是自己

有句话叫作：人生最大的敌人是自己。这话说得真是很在理，在我们的一生中，其实就是一个自己与自己做斗争的过程。你可能会为了争权夺利而辗转反侧、可能会因为年轻气盛而目空一切、可能会为了一己之利而耿耿于怀、也可能会为别人的恭维而飘乎迷失、还有可能好为了一时的失利而嗟叹悔恨。在这么多的可能之下，看来我们不使出浑身解数来挑战自己是不行的。在苦难面前，我们只有自己才能做自己的救世主，这个时候，只有自己才能拯救自己。如果我们连自己都救不了自己，那么，自己就是自己最大的敌人，所以当压力来临的时候，我们只有勇于正视压力，学会自己承受压力，才有可能在日趋激烈乃至残酷的生存竞争中，永远立于不败之地。

想要战胜自己，是一件说起来容易做起来却很难的事情，就比如说：你永远无法心理平衡地看着业务不如你的同行却在你的前面被老板提拔；你不可能在被上司鸡蛋里挑骨头后还处之泰然、你不可能看着上学时你最看不起的"混混"现在开着豪车向你炫耀而无动于衷………在这世界上，诱惑有很多、陷阱有很多、玄机也有很多，让人琢磨不透，让人深陷其中，不能自拔。这时候，你真得需要一股很大的勇气让自己摆脱这一切，让自己的心冷静。只有你自己的心真正沉静下来的时候，你才会发现生活原来是多么简单的。所以，你要和自己做斗争，自己要战胜自己。蒙牛集团总裁牛根生说得好："当你无数次地与自己较劲后，回头再看，'大数定律'的效能就显现出来了，因为你通过改变自己而改变了世界！"

　　吉列公司的对手威尔金森刀具公司在60年代初推出了一种不锈钢刀片，抢占了市场，这让吉列公司大为震惊。并且在1970年，威尔金森公司又推出了粘合刀片，这是一种以"最佳剃须角度"粘合在塑料上的金属刀片。就在这个时候，吉列公司开始集中力量，准备打一场漂亮的防御战。很快，吉列公司进行了反攻，推出了"特拉克"Ⅱ型剃须刀，这是世界上第一个双刃剃须刀。正如吉列公司在广告中所说："双刃总比单刃好。"从此，吉列公司占领了先机，赢得了大部分的市场。

　　"特拉克"Ⅱ型的成功，让吉列公司有了一种特殊的战略方针，那就是为了胜利，向"我"开炮！因为他们知道，把生意从自己手中夺走，总比让别人夺走强得多！吉列公司的顾客很快就开始购买它的新产品，并认为"比单片的超级蓝吉列好用"。6年之后，吉列公司又推出了"阿特华"剃须刀，这是第一个可调节的双刃剃须刀，肯定比无法调节的双刃剃须刀"特拉克"Ⅱ型还要好。这之后，吉列公司又毫不犹豫地推出了"好消息"剃须刀，这是一种廉价的一次性双刃剃须刀。但是，"好消息"对吉列公司的股东来说，并不是一个好消息。因为它的生产费用高，而销售量却不如可更换刀片的剃须刀大。任何购买"好消息"而不买"阿特华"或"特拉克"Ⅱ的人，实际上是在挖吉列公司股东身上的肉。但是，"好消息"是一种很不错的营销战略，它防止了其他公司夺走一次性刀片市场。

　　如今，吉列公司仍然在坚持"挑战自我"的策略。最近，它又推出了"皮沃特"剃须刀，这是第一个一次性可调节剃须刀。这回，吉列公司自己的产品"好消息"成了被攻击的目标。吉列公司通过这种自我更新的反定位战略，逐渐扩大了它在剃须刀市场上的份额，拥有了世界剃须刀市场 65% 的份额。

吉列公司的进攻自我的方式虽然会牺牲掉眼前的利益，但是他却保卫了市场占有率，这才是胜利的最终武器。

我们怎么打败自己、认清自己呢？

1. 学会内省、反思

我们常常认为最大的威胁来自于敌人，那是因为自己层次太局限；自己视野太狭隘；自己的见识太短浅……这些的结果就是，导致我们我们缺少内省反思的心理，它一直在阻止着我们对自己的正确认识。

2. 学会自我突破，不要故作高雅

人的局限性其实很明显，你的每一句话、每一个行动，举手投足之间，眉目传神之际，都会让别人认清楚你，即使你故作高雅掩盖得了一时或蒙蔽了某些人，但你无法掩盖所有时候和蒙蔽所有人，这些都是没有任何意义的，而人所谓的进步就在于自我突破与提升。

3. 参考物不是你的终极目标，不代表你的成绩

当然，你在跟别人比较的同时会让你认识到自己还有不足的地方，但是，你视为参照物的那个人并不是神，并不是站在最高处的，所以，就算你超过了他，也不能代表你就取得了进步；而你没超过他，也并不能表示你就没有取得进步。刘翔在亚运会取得了第一名，并不说明他就比在田径世锦赛时的水准要厉害；林丹在亚运会输给了李炫一，并不说明他的水准差劲。

也许我们都知道，当我们遇到困难的时候，最大的敌人肯定是我们自己。所以我们每一次在对自己进行挑战的时候，都意味着自己开始反省自己了，认识到了自己不足的地方了，也意味着自己的层次又上升了一个台阶，这才是真正的进步。

不逼自己一把，你根本不知道自己有多优秀

陶行知先生说："逆境使人奋进。"我们中国也有句古话："穷人的孩子早当家。"这些说的都是相同的道理，那就是当一个人身处逆境的无穷压力之中时，反而会激发自己心中无穷的动力。所以，在有的时候，当自己内心缺乏动力时，如果刻意地逼自己一把，把自己推入绝境，这倒不失为一个让自己奋进的方法。

看过运动员们训练的人都知道，他们为了进一步提高自己腰部和下肢力量，常在教练的指导下做些负重练习。运动员通过这种压杠铃的练习，会使得腰部和下肢的力量迅速增强，让他们的奔跑和跳跃的能力突飞猛进。我们很多人可能没有必要背负这杠铃，但是当我们的人生觉得没有挑战性的时候，我们要想运动员一样，来背负它、挑战它，这样也许就能激发你对生活的热情。

有这样一位游泳教练，他在极短的时间内培养了众多优秀的游泳选手而声名鹊起，当有记者来采访他秘诀的时候，他把记者领到了训练的泳池边。记者一进入游泳馆，顿时就惊呆了，因为他看到每个泳道上都趴着一只鳄鱼。这时，他明白了这个教练的训练秘诀，每当训练时，教练就让这些鳄鱼游在运动员的身后，当然这些鳄鱼的腿上都套上了枷锁，但运动员们心中却仍然满是恐惧，拼命地向前游去，这样成绩也就得到了显著的提高。

艰难的环境并不可怕，可怕的是没有战胜艰难的勇气。有些人为了磨练自己的意志，甚至刻意要给自己创造一个绝境出来。而很多人在面对困

难与失败的时候，更多的是选择怨天尤人、自怨自艾，却很少从自身找原因，去反思自己有没有尽力，有没有做最后的殊死拼搏。

法国文学家雨果说："你会发现，每一次成功都不是在良好的环境里、朋友的帮助下实现的，而是在威胁你的强大对手和巨大的压力下创造的奇迹，是自己在逼自己成功。"人的潜力往往只会在"逼自己一把"的时候才能发挥出来。

美国人梅尔龙在 19 岁那年，被流弹打中了背部，造成了下半身瘫痪，在经过医生的精心治疗后虽然渐渐康复，但是却无法行走，只能靠轮椅代步。梅尔龙以为自己一辈子就得和轮椅一起过了，于是经常借酒浇愁。这种状况一直持续了 12 年。

有一天，梅尔龙从酒馆出来，照常坐着轮椅回家，但是这次他却非常的不幸，他碰到了三个劫匪，劫匪动手抢了他的钱包。梅尔龙又惊又怕，他拼命地呐喊，拼命地反抗，这些行为触怒了劫匪，他们竟然放火烧他的轮椅，在轮椅突然着火的那一刻，梅尔龙竟然忘记了自己的双腿不能行走，他拼命地逃走，求生的欲望竟然使他一口气跑了一条街。后来，梅尔龙告诉他的朋友："如果当时我不逃走，我肯定就会被烧伤，甚至是烧死。我忘记了一切，我一跃而起，拼命地逃走，以至于停下脚步，才发现自己竟然会走路。"

在平时的状态下，我们很难做出惊人的事情，我们甚至还会抱怨，不知道自己还能做些什么，不知道自己拥有多大的能力。而当我们受到某些外部环境的刺激的时候，我们的潜能就像一个熟睡的朋友一样被唤醒，让我们做出惊人的举动。

但是，我们在挖掘潜能的时候，最好不要完全期待外部的刺激，我们要主动，自己逼自己。我们要学会给自己施加压力，不断地迫使自己挑战极限，在将自己体内蕴藏的能量一次次激活，潜能就能被诱发出来。

因为人性是懒惰的，大多数的人都习惯把自己熟悉的，擅长的领域表现出来，大多都是愿意过一种没有压力的生活。可是，长期下来，我们一味地贪求安逸、好逸恶劳，我们可能就会什么也不想干、什么也干不好，从此就陷入了固步自封的困境。

我们想要获得成功，就需要压力，就需要自己逼自己，来挖掘我们身上的能量。因此，我们要主动投入到紧锣密鼓的工作挑战中，接受永无间歇的压力，才能激发自己，实现梦想，走向成功。

自我暗示法可以有效地帮助我们应对压力，就算再大的压力，我们也不会害怕。

1. 语言暗示

用内心独白对自己进行暗示。口吃的人可以用这种方法克服自己的问题，因为大多数口吃都是由于内心紧张而引起的，所以只要能消除紧张，说话就会正常。我们对于语言暗示要遵循简洁、积极、可行、重复这几点。

2. 环境暗示

利用情况中对自己有影响的因素对自己进行暗示。当心情抑郁的时候，可以到风景优美的地方走走，就会起到良好的影响。

3. 睡眠暗示

通过睡眠消除疲劳。如生病的时候，可以暗示自己："没什么，睡一觉就好了。"

很多时候，我们需要为自己切断所有可以后退的路，把自己逼入绝境。我们要做好充分的准备："宁可在外碰壁，也不在家里面壁。"我们要将自己置之死地之后，你会发现自己所有的潜能都被激发出来了，自己也是如此强大。

第 八 章

拼 搏：

没有什么命中注定，厄运是一次崭新的开始

>>>>

苦难会让我们伤痛，会让我们迷茫，同样也可以使我们坚强，只有在苦难的打磨之下，我们才会变得愈加坚强。成功是个很艰难的过程，只有那些有勇气、有恒心、有信心的人，肯付出血汗的人，才能获得成功。

当生命出现低谷时，要有一颗向阳的心

天有不测风云，人有旦夕祸福，我们不要总是幻想自己的人生可以一直处于高峰而永不降落，这些都是不可能实现的事，就好比我们不可能永远拥有平静的生活，也许不知道在哪一天，我们就会一下子跌入人生的低谷。比如，当我们正处在事业辉煌期的时候，一场金融危机，让我们的事业化为乌有；当我们正过着朝九晚五的正常生活的时候，突然查出自己患病。我们该怎么办？这些让人迷茫而不知所措的事情很容易让我们消沉下去，并且一蹶不振。在这种情况下，我们的生活必然会一片狼藉。

谁都不愿意如此，可是生活就是这般无奈，上帝的一个小小的玩笑，能使我们痛苦不堪。然而，痛苦归痛苦，我们不能因此而自暴自弃，毕竟生活还要继续。只要我们能够挺起胸膛，这段低谷的时间就会缩短，我们只要咬牙挺过去，就会有豁然的收获。我们一定还可以从生命的低谷，慢慢地爬上山峰。

生命的低谷期，一切环境似乎都不利于自己，但是没有关系，决定人生最重要的因素是自己，只要我们肯努力，就还有机会。只要还有奋斗的决心，就能领悟到低谷给人的财富。所以，无论在什么时候，我们都应该相信自己，只有这样，我们才有可能从生命的低谷中走出，重新拥有辉煌的人生。

家喻户晓的快餐店肯德基的老板哈兰·桑德斯在他65岁之前，一直都在家乡美国的肯德州经营餐厅，他精心研制发明的炸鸡吸引了无数顾客慕名而来。然而，就在他66岁的时候，他的

事业就面临危机了，由于他所拥有的餐厅附近要修建高速公路，这使得他不得不售出这间餐厅。66岁的他不想靠着福利金过日子，开始到处去推销他的炸鸡配方。在两年多的时间里，他总共被拒绝了1009次，终于在第1010次走进一个饭店时，得到了一句"好吧！"的回答。当然，他的事业就从这个第1010次开始了。

桑德斯为肯德基付出了毕生的心血和努力，他活到90岁，就在桑德斯辞世前不久，他还做长达25万英里的旅行，四处推销他的肯德基炸鸡。

虽然桑德斯没有公开过制作肯德基炸鸡的配方，但他曾公开自己的成功秘诀，那就是，除去"相信自己！"这句话，还有"66岁再创业也不晚！"和"坦然面对第1009次失败！"

这个故事告诉我们，生命的低谷未必都是上天故意对人的折磨，也许还是上天给予我们的成功机会。因为，如果我们过惯了平凡的生活，就会失去进取的动力，而在这个时候，如果上天让我们陷入人生的低谷，反而能够激发我们的潜能和动力。所以，在生命的低谷期，我们不要抱怨，而应该感谢，从容的应对，只有怀着这样的心态，我们才可以从低谷中走出。

当然，我们永远也无法预知自己会在什么时候陷入人生的低谷，但是我们要无时无刻地做好应对人生低谷的准备。只有这样，我们才不会被突如其来的低谷期所击垮，才能在低谷期从容地应对生活中的种种麻烦，最终收获成功。

那么，我们如何在低谷到来的时候从容应对？

1. 金子永远会发光

很多人在看问题的时候总会有片面性，就正如，当你春风得意的时候，别人就认为："啊，这个人肯定是很成功的人，多么崇拜啊。"在别人的肯定下，你也有了对自己的肯定。可是一旦你把所拥有的成功、成就、成果都失去的时候，这些人又会认为："他真是一无是处。"而你自己也会觉得自己一无是处，这种看法是错误的。是金子早晚会发光，所以，我们要时刻清楚地知道自己这颗金子总有发光的时候。

2. 要有自己的信仰

很多人在一次失恋、失业、考试失利的情况下，就变得一蹶不振，无法走出生命中的阴霾，有的人甚至还结束自己的生命，把痛苦和遗憾留给了爱他、关心他的人。但一个有信仰的人，在人生顺境的时候，有成就、成果的时候，都会做到谦卑、感恩，认识到自己所拥有的才能或是机会都是上天所赐的，要把荣耀归于别人。

3. 处理好自己的情绪

当在低谷的时候，先什么都不要做，好好在家待上一段时间，失业也好，失恋也好，总要让自己先平静下来，处理好自己的情绪，这比"马上行动"更有效。

4. 保证自己一如既往的作息时间

通常在打击下，人会打破熟悉的生活规律，让身心失去根基。所以，我们不想被打倒，就要该吃就吃，该玩就玩，该上班就上班，让别人知道你不是那么容易被打倒的。

5. 忽略心中的报警器

人的大脑中有一种非常原始的因子，我们叫它"蜥蜴脑"，它会对所有风吹草动都会发出警报。当然这要是在以前，应该非常管用，但是在现代社会，很容易让人暴躁易怒。所以，当我们在面临心慌气短的时候，要告诉自己"没那么严重"。

陆游说："山重水复疑无路，柳暗花明又一村。"当我们突然跌落谷底的时候，也正是我们攀向新的高度的时候。只要我们不对自己失去信心，不对生活失去信心，一定可以重新开创自己美好的生活。

因为爱你，才会让你吃苦

没有经历过饥饿，你就不知道一粒米的可贵，也不知道那些面朝黄土背朝天的人的可敬，更无法体验那些伸手向人乞讨的可悲；你没有过寄人篱下，就听不到那些风凉话带给你的伤害，也看不到冷脸给你的苦涩，过多的奉承只会让你人格发育不全；温室里的人们没有受过寒流的抽打，他们的血液里就不可能会孕育出抗争的细胞，所以这些人非常的脆弱、非常容易发抖、容易胆寒，周身缺少足够的热流和火焰。那么，没有经历过这些苦难的你，拿什么来温暖爱人冻僵的脸庞和手指？如果突然某一天，你那坚强的后盾轰然倒塌，你开始失宠，在坑坑洼洼的路上，你又怎能像别人那样行走自如？

苦，可折磨人，也可锻炼人；蜜，可养人，也可害人。所有人都希望自己能够一帆风顺，但上帝并不看重安逸的人们，他要挑选出最杰出的人物，让这部分人经历磨难，让他们在千锤百炼之下成金。有人说："苦难是一所学校，真理在里面总是变得强有力。"所以，人们只有经历过苦难，才会变得更加成熟，更加懂得珍惜。在苦难中成长，才能使我们变得更加的坚强。

人生是这样一个过程，我们包裹着厚厚的外套怎能体验真实的人生？于是，苦难迫使我们一件件地脱掉外衣，使我们亲身认知生活。因为只有这样，才能锻炼我们，才能使我们具有应对生活的能力。要知道，蝴蝶之所以美丽，是因为它经历了破茧而出的痛苦。通往成功的道路上不可能是鲜花，而是荆棘，我们想要从这条路上过去，找到成功，就必须勇敢地斩断荆棘，当然，这需要我们大无畏的精神。所以说，苦难对于人生来说是一剂良药，它能使我们更加坚强。

名人王永庆在小的时候家里很穷，他的父亲王长庚靠照看茶园来勉强支撑家庭的正常开销。但是，在王永庆9岁那年，父亲不幸患病只得卧床休养，王永庆从此开始分担了生活的重担。15岁那年，王永庆先到茶园做杂工，后又到一家小米店当了一年学徒。第二年，王永庆做出一个重要的决定，要自己开一家米店，启动资金则是父亲向别人借来的200块钱。问题随之而来，王永庆的小店开张后没有多少生意，因为城里的其他米店都有自己的老顾客。不过，16岁的王永庆展现了超强的营销能力，他不仅挨家挨户上门推销自己的大米，而且还免费给居民掏陈米、洗米缸，照现在的话说，王永庆向老百姓提供的是针对性极强的个性化服务，就这样，王永庆在维系客户关系上逐渐占了上风。此外，由于当时的大米加工技术比较落后，出售的大米大多都掺杂着米糠、沙粒和小石头，买卖双方都是见怪不怪。但是，王永庆在每次卖米前都把米中杂物拣干净，买主得到了实惠，一来二去便成了回头客。起初的时候，王永庆的米店一天卖米不到12斗，但是到后来，一天能卖到100多斗……他的吃苦精神非常令人敬佩。以至于后来成为台湾著名的企业家、台塑集团创办人，被誉为台湾的"经营之神"。

的确，世上但凡有成就的人，没有一个人是没有经历过苦难的。相信"卧薪尝胆"这个成语大家都比较熟悉吧，如果勾践没有经历那段痛苦，就不会真正反省，不会积蓄上进的力量，最终一雪前耻，战胜吴国。

人生中有无数大大小小的苦难在等着我们，我们可以选择逃避，也可以选择勇敢地面对。当然，无论你做什么样的决定，都是你自己的事情，但是你一旦选择逃避，就永远不能明白人生的真相，更不可能取得成功。我们只有选择勇敢地面对，我们才能在苦难中了解人生，才能够度过黎明前的黑暗，迎来人生中的第一缕曙光。

孟子曰："天将降大任于斯人也，必先苦其心志，劳其筋骨，饿其体肤，空乏其身，行拂乱其所为。"苦难会让我们伤痛，会让我们迷茫，同样也可以使我们坚强，我们只有在苦难的打磨之下，才会变得愈加坚强。"上帝爱你，才叫你吃苦。"这些都告诉我们，只有吃苦，才能让我们的人生变得更加强壮。

我们要切身体验吃苦的滋味。我们的时代，让我们过得太舒适了，这样让我们忘了吃苦的滋味，一旦有灾难发生就会变得手足无措。所以，我们一定要体验吃苦的滋味，只有吃苦才能让我们成长，有些人觉得自己上班好苦，每天挤公交好苦，其实真不算个事。

吃得苦中苦方为人上人。学会吃苦的人才有狠劲，遇事才不会退缩，勇敢直前，不到达顶峰誓不罢休。

苦难其实是上苍赐予我们的最好的礼物。一个生命体在没有任何困难和苦难的环境下生存，无论是身体机能，还是心志都会退化，时间久了，就会失去应对困难和苦难的能力，最终会走上灭亡的道路。

每当我们在苦难中穿梭的时候，就必然有切肤之痛，但是每当我们度过苦难之后，就能尝到最甜的果实。经历苦难，正是一个不断超越自我的过程，只有在苦难面前，不放弃，我们才能在战胜苦难的同时，超越自我，使自己得到升华。所以，我们不仅不能抱怨苦难，还要感谢苦难。

意志能挖掘隐藏着的潜力

人生就好比一块铁，需要千锤百炼才能成钢；人生也像一条大路，要被万人踩踏才能成大道。人的一生，各种各样的挫折与困难痛苦总是避免不了的，但是只要我们凭着坚强的意志和不懈的努力闯过去，通过困难磨练我们的意志，才能获得最终的成功。相信，每一次的困境就像是锻炼我们的烈火，虽然让我们感到痛苦，却一次又一次地磨练着我们的意志。

意志对于人的一生是非常重要的。意志是成功之本，是一种韧劲，是一种积累。荀子有云："锲而舍之，朽木不折；锲而不舍，金石可镂。"意志往往会表现出一种强大的力量，这种力量能帮助人们不向挫折和困难低头，而会更坚强地去面对。因为意志是击破一切困难的武器，它关系到一个人是否能够成就大事。当我们拥有积极进取的精神状态的时候，就会不畏艰难险阻，勇往直前。而当我们消极颓废的时候，即使我们面前是平坦大道，我们也会因为路途的遥远而放弃。

人生中有很多的艰难困苦需要我们面对，很多时候客观条件的不足成为我们人生前进的最大障碍，但是这并不能成为决定我们人生前途最重要的因素。但是，有那么句话："有条件要上，没有条件制造条件也要上。"这就是有志向的人对待困难的态度。困难在有志向的人眼里是微不足道的，他们总是能够想到办法克服障碍，并且能够在这一过程中磨练自己的心志，使自己更加强大。

提到郎朗，我们就会不自觉地想起黑白琴键。的确，郎朗现在已然成了人们心中的钢琴王子。郎朗在 21 岁的时候就被美国著名的青少年杂志《人物》评选为"20 位将改变世界的年轻人"之一；他 23 岁时，就在维也纳金色大厅创下音乐会最高票房纪录。我们不要以为，郎朗的成就是一帆风顺的，他也经历了无数的挫折和磨难。

9 岁那年，郎朗的父亲为了让郎朗在钢琴上得到更好的教育，恳求一位很有名气的教师教郎朗学琴。没想到那位老师听了郎朗的演奏后，却摇着头说："这哪是弹琴，根本就是东北人种土豆。"于是，这位老师又说道："你儿子反应迟钝、缺少灵气，他不是学这个的料，还是早点回去吧。"

这句话让郎朗失望至极，他问自己："我真的这么差吗？我真的没有希望了吗？"有很长一段时间，郎朗对钢琴失去了热情。

面对灰心丧气的郎朗，父亲急得一夜白发，极度伤心之下，他对郎朗说："现在摆在你面前的有三条路，一是吃药自杀，咱们都不活；二是跟我回沈阳，从此不再碰钢琴；三是继续学下去。"听到父亲的话，郎朗愣住了，他不知道父亲为何这般绝情，更不知道自己究竟该何去何从。只有 9 岁的郎朗陷入了困惑。

经过千百遍的徘徊和思考，虽然 9 岁的孩子似乎还不能深刻地理解什么叫"坚持不懈"，但那颗梦想的种子还是在郎朗心里蠢蠢欲动，对音乐的热爱和追求终于占了上风，郎朗顿然醒悟："我的生命就是为音乐而生，我不能放弃！"

于是，郎朗更加忘情地进入到练习中去，用钢琴来化解自己对梦想的怀疑，仿佛把自己的灵魂也幻化成了那一格格让他魂牵梦萦的黑白琴键。无数个日夜过去，郎朗终于以第一名的成绩考入了中央音乐学院附小，从此开始了他辉煌的人生之旅。

世上没有任何一件事情可以轻而易举地完成，想要做成一件事情就必须克服重重的困难。困难，在永不认输的人们面前就会化成一种礼物，这份礼物将成为滋润你生命的甘泉，让你在遇到任何苦难的时候，都不会轻易被击倒！但是，在有些人面前，就是永远迈不去的坎。这根本的原因就在于大多数人不具备坚定的意志。当困难一而再、再而三地阻挠我们时候，我们就会缴械投降。所以，困难并不是最可怕的，最可怕的是我们没有意志。

意志的缺乏是可怕的，它会让我们的人生陷入失败当中。著名心理学家威廉·詹姆斯指出，一个人想要一直保持努力的勇气是很困难的，因为每个人在坚持做一件事情之后都会感到很疲倦，这就是所谓的"疲乏的第一层面"，然后我们会想到半途而废。但是，我们很少有人能够推动自己穿透疲乏的那个层面，去发掘隐藏在下面的潜力。

美国华盛顿山的一块岩石上，有一个标牌，标牌上讲述的是一个故事。

那个标牌所在的地方是一个女登山者躺下的地方。那个时候，那名登山者正在寻觅庇护所"登山小屋"，可是疲惫不堪的她终于还是在离"登山小屋"一百米的地方停了下来。只要她能够再坚持一百米，她就可以得救了。

成功往往就存在于最后一下的坚持，可我们却总是在快要接近成功的时候放弃，因为经历过的种种困难已经让我们难以忍受。所以，在我们心里已经先入为主地认为事情是不可能成功的了。这正是悲剧人生产生的原因。

我们该怎样来锻炼我们的意志呢？

1. 形成积极坚定的世界观、人生观和信念

有这样一个案例：有一个人困在沙漠里8天，没有任何可以吃的东西，

而且他也没有经历过任何训练，但是他想活下去。就是靠着这个坚定的意志和信念，他活了下来。所以，我们一定要有强大的信念。

2. 掌握科学的知识和技能

在锻炼意志的时候，首先要学习如何找到水和食物，如何利用地理环境，如何辨别方向等。另外，你还要学习如何避开环境中可能存在的危险，以及如何医治自己，更要知道休息。

3. 培养深厚坚定的情感

坚定的感情是在危险的时候彼此相互依靠、支撑的保障，所以你和你的朋友一定要有坚定的情感才能合作。

4. 积极参加各种实践活动

如果有机会，可以去生存学校接受各种生存技能的训练。因为训练会增加你的自信，能帮助你消除对自身能力和毅力的怀疑。

5. 加强自我锻炼

自我锻炼包括寒冷锻炼，饥饿锻炼，干渴锻炼，疲劳锻炼，孤独锻炼等。比如在寒冷削弱你的求生意志之前，你必须立刻寻找避身场所；在酷热的时候，一定要遮盖住头部，并且不要在一天中温度最高的时候行动；另外，还要想办法找到水资源，不然会让你变得反应迟钝，产生一种"我不在乎"的感觉。

命运似乎总是在考验着我们，在成功之前，总是会有这样那样的困难接踵而至，让我们应接不暇。能够最终克服这些困难的人，就是最后的成功者。虽然很多时候，重重的困难让我们看不到成功的希望，但是我们一样要坚持下去，因为只要我们坚持下去，胜利有可能就在前方，这就需要我们坚强的意志。

成功，除了汗流满面之外，没有其他方法

相信所有的人都听说过"天下没有免费的午餐"这句话，但却并非每个人都能够切实理解。表面上来讲，无非是说这世上的成功就必须要经过努力，因为没有任何一种成功是毫不费力就可以得到的。其实，道理就是这么简单，也非常浅显易懂，但就是有人不能切实地理解，这是为什么呢？因为他们不肯接受事实。

大多数的人都想发达，幻想要一夜暴富，但这是不可能的。做任何事情都必须脚踏实地才能有所成就，只要你实实在在地工作，那么成功必定离你不远了。如果还抱有一点投机取巧的心态，你就很难全力以赴，也就很难成功。那些总是把希望寄托在彩票上，或把时间花在赌桌上的发达梦，都是人们努力的绊脚石。

有一位爱民如子的国王，他在位的时候，人民丰衣足食，安居乐业。有一天，这位国王担心当他死后，人民就过不上幸福的日子了，于是他招集了国内的有识之士，让他们找一个能确保人民生活幸福的永世法则。

三个月过后，这些学者把三本很厚很厚的帛书呈给国王，说："只要人民读完这三本书，就能确保他们的生活无忧了。"国王摇头拒绝，因为他知道，对于很多人民来说，读这么多的书，会浪费他们很多干其他事情的时间，所以他再命令这班学者继续钻研。两个月之后，学者们把三本简化成一本。可是国王还

是觉得不满意。又过了一个月，学者们把一张纸呈给国王。国王看后非常满意，高兴地说："很好，只要我的子民日后都真正奉行这宝贵的智慧，我相信他们一定能过上富裕幸福的生活。"说完后便重重地奖赏了这班学者。

原来这张纸上只写了一句话：天下没有不劳而获的东西。

我们细心观察就会发现，身边的那些成功者都总是忙忙碌碌，而那些失败者则总是显得非常悠闲，每天睡到日晒三竿。正是因为他们不同的生活态度造就了他们不一样的人生。悠闲的人总是习惯于等待机会的降临，而不懂得去寻找机会；忙碌的人则知道天下没有免费的午餐，他们从来都不指望运气，善于抓住机会，忙于解决问题，忙于把事情做好。求人不如求己，他们自己的努力最终也成就了他们自己。

在美国密苏里州，有一个孩子，从小就很喜欢歌唱和表演，并梦想着有一天能够站在世界最炫目的舞台好莱坞上。在大学毕业还剩两星期时，他骗父母说去参加帕萨德纳的艺术中心设计学院的考试。于是收拾起所有的东西，装上他的破车，奔向好莱坞寻找成为影星的梦想。

当时，他成为了一名好莱坞的侍应生，替客人开门、做加长轿车司机，甚至是扮演卡通人物，这些都是为了等待一个登上银幕的机会。因为没有空闲的时间和可靠的经济来源，他只能上夜校。毕业之后，他便开始四处试镜谋职，跑遍了好莱坞的每一家电影公司和电视台。但是，每一个地方的经理都对他说："没有几年经验的人，我们是不会雇用的。"

但这些拒绝并没有让他气馁，他继续寻找自己的机会，终于在一个不出名的电影中他得到了一个小角色。为了这个得来不易的小角色，他倾注了自己全部的精力，但与该电影的黯淡一样，他也并没有获得多少人的关注。但是他的敬业精神却得到了导演的认可，之后在一些电影和电视剧中，他屡屡获得出场的机会，虽然都是一些不重要的配角，但却大大地磨练了他的演艺技巧。

后来，一部名为《末路狂花》的电影选中了他，在剧中他扮演了一个血气方刚的角色，这一次，他高超的演技引起好莱坞和观众的注意，终于他的"星途"被打开了。这个人的名字叫布拉德·皮特，好莱坞当红明星。

成功并不是那么容易就能得到的，因为成功往往需要汗水和血水的融合，成功是只有在苦尽之后才能得到的甘甜，想要成功，就必须要付出多于10倍的努力。而布拉德·皮特之所以会成功，就在于他懂得努力和坚持。

我们可以这样说，成功的唯一出路就是要付出努力。在某一种程度来讲，你付出努力的多少和成功概率的大小是成正比例的。但是，你也不要有这种认为，"多努力就会多成功，少的努力对成功无济于事"，这是错误的看法。因为很有可能别人的成功是愿意从小处开始努力，我们没有成功的人应该找到这个缺点，这才是成功的钥匙。

成功是个很艰难的过程，我们想要成功就必须为此付出努力。只有那些有勇气、有恒心、有信心的人，肯为此付出血汗的人，才能获得成功。在现实中，也许我们努力并不一定会得到我们想要的，因为成功并非一蹴而就，但每努力一点就离成功更近了一步。也许你现在还处于底层，但是你要相信，只要你努力、用心且细致地去工作，就肯定能得到领导的赏识、同事的认可，工作能力更上一层楼。

只有经得起考验的人，才是最好的

我们的人生，就是一张张考验交织起来的网。我们无时无刻不是置身于各种各样的考验之中，当我们还在妈妈肚子里的时候，就要开始面临考验，而第一声啼哭，是我们面临空气考验的第一个胜利；以后，我们还要面临成长的考验，工作的考验，病魔的考验，到最后我们还要面临死亡的考验。每一个人都知道，任何通向成功的道路上都布满了荆棘，充满了数不清的艰难与困苦、辛酸与煎熬，这些都是对我们的考验。从某种意义上说，成功的人之所以能够获得成功就是因为他们经得起各种考验。

有一个村庄，住着一户人家，他们住在一座有四间屋的房子里，并且仅靠一小块土地为生。而一次事故，让这家人的支柱，也就是9个孩子的父亲去世了。这个时候，家里的长子约翰才16岁，但是他的母亲告诉他，他必须承担起照顾全家的责任。

有一天，约翰的妈妈要约翰到镇里最有钱的人——法官多恩那儿去讨要1美元，那是法官在约翰父亲在世的时候买玉米时欠的钱。在见到法官多恩的时候，约翰把来龙去脉告诉了这个法官，法官很快把钱给了他。但是，法官在给约翰钱的时候告诉约翰，约翰的父亲也欠过他一些钱，并且是40美元。"你打算什么时候还给我你父亲欠我的钱？"法官问约翰，"我希望你不要像你的父亲那样。他是个懒汉，从不卖力气干活。"约翰说："既然我父亲欠了你这么多钱，那么我一定会还给你的！"

后来，在法官的帮助下，约翰经过辛勤的劳动和艰苦的努力，不仅还清了其父欠的旧债和自己欠的新债，还积攒了一笔钱，并且买了一个大农场。

约翰到了 30 岁的时候，就已经成了本镇有头有脸的人物。那一年法官去世了，他把他的那所大房子和大部分财产都留给了约翰，他还给约翰留下了一封信。当约翰打开信的时候，发现上面的日期是约翰第一次向他讨要 1 美元那天写下的。法官写道："亲爱的约翰，其实我从来没有借给你父亲一分钱，因为我不相信他，但我第一次见到你时，我就很看好你，我想确定你不是像你父亲那样的好吃懒做的人，所以我考验了你。这就是我说你父亲欠我 40 美元的原因。祝你好运，约翰！"信封里还有 40 美元。

生活中，无时无刻不存在考验，有的人在考验你的诚实守信，也有的人在考验你的智慧，还有的人在考验你的能力，如此等等。但是，无论是什么考验，被考验者只有经得起考验，才能为考验者喜欢、信任。

有句话说得好，当你做得好的时候，别人对你的评论都是好的，但当你做得不好的时候，别人对你的评论就都是不好的。人生就是这样，你只有接受，接受他们给你的考验，你才能修成正果。如果你在做任何事的时候，都想要一次性就做得非常完美，那简直就是在痴人说梦，因为就算你有再聪慧的头脑、再充裕的体力，但还是有我们想不到的细节，有我们智力所不及的地方，所以我们只有接受失败对我们的考验。

巴尔扎克曾说过："世界上永远没有绝对的事情，结果完全因人而异。苦难对于天才是一块垫脚石，对于能干的人是一笔财富，对弱者是一个万丈深渊。"而对于我们这些平凡人来说，那些智慧不能企及、体力不能达到的难事，并不是一辈子都不能被我们攻克，关键还在于我们是否能够让自己坚强起来，在风雨中立得定，站得稳。在我们的人生中，那些考验会一个接着一个来，只有那些经得起考验的人，才能过自己想要的生活。

只要相信自己，一切皆有可能！我们可以想一想，如果没有经历过艰苦的付出，怎么能感受到收获的快乐？如果不历经风雨，怎么会体会到彩虹的绚丽？如果不在逆境中经历一番磕磕碰碰，怎么能理解成功后的喜悦？人生的考验很简单，只要把两件事情做好，那么，你的人生肯定就能完美的——那就是"责任"与"信念"！我们活在这个世界上，并不是完全为了自己，还有为了家人，让家人平安、快乐、幸福是我们最大的责任。另外，为了实现自己的梦想，在面对困难时永不气馁，不言放弃，则是我们每一个人永不泯灭的信念。

上帝其实是公平的，当他把这些苦难撒向人间的时候，往往也准备好了重金等着勇士去拿。当我们与苦难不期而遇的时候，我们最好是视苦难为财富、为机遇，并且还要向它宣战。只有当你成功地征服了苦难之后，你才能真切地感受到生活原来是多么的甘甜、人生是多么的绚丽。所以，我们要勇敢地面临生活中的那些挑战与考验，只有这样，它才会使你更加强大，使你更快地成就你的事业。

坚持，成功在下一个街角等你

在很多情况下，我们可以运用常识和智慧来远离生活中的危险和不幸，但是，有的时候做一些有一定成功把握的大胆冒险却是成就事业的好办法，前提是要经得起失败。突然中大奖或捡到一笔钱只是运气，运气是偶然，不能因此而守株待兔，努力和坚持是得到收获的必然，人应该为必得的结果全力以赴。因为你的坚持有多强，你的自信就有多强，你的路就有多长。

你是不是有这样的信念，有别人打不倒的自信心呢？有这样一个故事：

当李波接到微软公司面试通知的那一刻，就好像一缕阳光照亮了他焦急的心。在面试那天，李波精心的梳洗打扮了一番，穿上了崭新的衣装。上午 10 点钟的时候，李波走进了微软公司人力资源部。等秘书小姐向经理通报后，李波稳住自己的心神，提着自己的包走到了经理办公室门前，敲了敲门。

"是李波先生吗？"屋里传来了询问的声音。李波深吸一口气，推开门："你好，经理，我是李波。""抱歉，李波先生，你能再敲一次门吗？"端坐在转椅上的经理表情冷淡地注视着李波。

经理的话让李波有些疑惑，但是他还是没有多想，走了出去，关上门，重新敲了两下，然后推门进去。"不行，李波先生，你这次没有第一次做得好，你能再来一次吗？"经理示意他重新来过。李波重新敲门，有一次踏进了办公室："先生，这次可以了吗？"经理冒出了一句让李波想要吐血的话："这样说话不好。"

李波又一次走出去，重新敲门，然后走进来："我是李波，很高兴见到你，经理先生。""请别这样，还得再来一次。"经理淡然地说。

李波又做出了一次尝试："抱歉，打扰你工作了。""这回差不多了，如果你能再来一次会更好，你可以再试一下吗？"

当李波第10次退出来的时候，他开始有点恼火了，对方分明就是在戏弄他。李波生气地转身就要离开，可是刚走几步又停了下来。不行，就算公司不打算录用我，我也要听到他们当面对我说。

于是，李波第11次敲响了门。这次，他得到了不是难堪，而是热烈欢迎的掌声。原来，微软公司打算招聘一名市场调查员。而一名优秀的市场调查员，不仅仅是要具备学识素质，更要具备耐心和毅力。这次考核，就是考察一个人的心理素质。

俗话说，"行百里者半九十"，很多人在刚开始的时候往往非常有冲劲，这就好比是在1000米的赛跑一样，有些人在刚开始的时候跑得特别快，但是在最后越来越慢，有些人在快要到终点的时候都已经选择了放弃。所以说最后的那一段路，往往就是一道让人非常难越过去的门槛，因为当我们在历尽艰辛、心力交瘁的时候，即使是一个小小的变故或是障碍，都有可能把我们打趴下，但是在这个时候，如果我们稍微再坚持一下，胜利就在这"再坚持一下"的努力。

想要成功只有坚持不懈的努力，只有饱尝了多次的失败之后才能成功。

美国的学者吉思克尔说："成功无法门，但失败一定会有所收获。"所以，我们可以这样理解，早点尝到失败的滋味对一个人来说是有益的，只有这样，你才能在年轻时获得更多的大智慧，赢得成功。

"水滴石穿，绳锯木断"，然而为什么水能够把坚硬的石头滴穿？柔软的绳子能把那么硬的木头锯断？说白了，就是坚持，就是努力。一滴水肯定滴不透石头，但是成千上万滴水呢？它们只要坚持不懈，不管是 年还是两年，总能把石头滴穿，坚持不懈的精神也能用绳子把木头锯断。

那么，我们现实生活中应该如何做到这种坚持呢？

1. 坚持你认为是对的真理

每个人都有言论自由，如果他们的言论伤害到了你，你是不是非常地恼火、郁闷？有时候你会想，难道我这样做真的错了？其实，很多时候不是你做错了，而是他们嫉妒了。所以，你只需要坚持，你要相信，你所做的一切和他们是没有任何关系的，犯不着为了他们而否认自己，用一句话："走自己的路，让别人去说吧。"

2. 每天坚持从小事情做起

天再高也没有人心高，记得曾经有人这样讽刺过我，"眼高手低"，就是说我明明很多事情做不了，但是心却比天高。可是，我没有被他打倒，我是我，他是他，他并不了解我，我只是每天有坚持要做的事情，只有这样，我才会相信自己有美好的未来。

3. 坚持自己的方向

每个人都有属于自己的禀性和天赋，你只需要按照自己的禀赋来发展自己，只要你超越了心灵的绊马索，追求自己真正想要的，你就不会忽略自己生命中的太阳，也不会湮没在他人的光辉里。

胜利之前的挫折是在所难免的，只要你坚持了下来，曙光就在眼前，这才是真正的胜利。

在生活面前永远不倒下

古人说得好："天将降大任于斯人也，必先苦其心志，劳其筋骨，饿其体肤，空乏其身……"所以，每当我们遇到磨难的时候，都要坚信，胜利离我们已经不远了。如果你感觉生活太累，磨难太多，就从此萎靡不振、摇摇欲坠，那么你又如何能够享受"站立"的尊严？每个人的命运都在自己的手里，路就在脚下，如果你倒下了，那么你永远不可能再前进，如果你还站立着，那么我相信，你总有一天会走出属于自己的美丽征程。因为没有人能将你打倒，除非你自己愿意倒下。

海伦·凯勒是一个聋盲哑人，在出生不久，就失去了听力和视力。但是，她却没有在命运面前低头。在《假如给我三天光明》中，海伦讲述了她并没有因此而自暴自弃，她接受了命运的挑战。可能很多人会这样觉得，如果是聋哑人，那么他至少还看得见这个世界的色彩，如果是盲人，那么他至少还可以听得到这个世界的声音，但是，对于一个又聋又盲又哑的海伦来说，她该怎么活下去？的确，海伦的世界是毫无生机可言的，但是她有一个永不言败的精神。她深深地相信：作为一个残疾人，如果想达到自己的目的，就必须要付出多于常人数倍的努力。于是，她开始慢慢地，一步步地摸索，她相信，总有一天，她会战胜自己，战胜生活。

最后，这么一个幽闭在盲聋哑世界里的人，竟然毕业于哈佛大学德吉利夫学院。她还用生命的全部力量到处奔走，建起了一家家慈善机构，为残疾人造福，创造这一奇迹，全靠一颗"不被打倒"的心。海伦·凯勒屹立在生命的巅峰，用爱心去拥抱这个世界，以惊人的毅力面对困境，终于在黑暗中找到了光明，最后又把慈爱的双手伸向全世界。

当然，与海伦·凯勒相比，我们要幸福得多，虽然偶尔会有暴风骤雨，但更多的还是风和日丽、杨柳依依。世上没有永远阴郁的天空，没有永远龟裂的土地，也没有永远灰暗的人生。就像海伦·凯勒，虽然看起来是个生活的失败者，但是她却以顽强的毅力战胜了这一切。那种在苦难面前挺身不倒的姿势，俨然就是个胜利者，又何谈失败？所以，只有以"站立"的姿势对待不幸的人生，才能使不幸变为幸运！

有人说自己是生活的主角，有人说自己是生活的配角，有人还说自己是生活的观众，而在困难面前屹立不倒的强者却说自己是生活的导演，只有自己才能将自己的生活演绎得炉火纯青。强者最大的过人之处往往在于：他能在问题面前看清真相、看清发展、看清趋势、看清自己，并且能及时有效地调整自己。因为对于我们来说，命运它不是上天注定的，而是你自己决定的。如果你想要战胜命运，那么你要付出辛勤的汗水向这个目标奋斗，你要学会坚强，学会坚毅，不怕失败，命运之神自然会对你青眼有加。

黑人领袖马丁·路德金说过："这个世界上，没有人能够使你倒下。如果你自己的信念还站立的话。"的确，"不倒下"其实很简单，不过是一种最平实、最自然的信念，它并不需要你有过人的智慧，也不奢望有人会扶持你。只是在不顺心、不如意时，"不倒下"会从心灵深处产生一种强大的力量，将你的灵魂高高托起，可以让你如盘古般站立在天地间，笑看浮世风云。

我们该怎么具体来做，才能不被生活打倒呢？

1. 务必使自己有某种信念

信念是力量的源泉，是胜利的基石。我们可以看看那些在事业上有成就的人，都是一直拥有着自己的信念。巴甫洛夫曾说："如果我坚持什么，就是用炮也不能打倒我。"而高尔基也说过："只有满怀信念的人，才能在任何地方都把信念沉浸在生活中，并实现自己的意志。"所以，我们要有某种信念，才不会被生活打倒。

2. 要对自己有信心

信心是可以感染人的，它不但可以激发别人对你的信心，而且可以使更多的人受到感染。这样不但容易赢得他人的好感，还具有良好的人缘。而人缘好，机会就多，这样成功就会变得更加容易。

3. 做事情要不遗余力

我们知道，孙中山在闹革命的时候就是不遗余力，为了推翻封建帝王的统治，前后组织发动了 10 次武装起义，后来他终于推翻了腐朽没落的清政府。促成一个王朝的兴替，是多么伟大的一件事，这完全归功于他永不倒下、永不屈服的努力。

4. 不要总是原谅自己所犯的错误

做错了事情，就要勇于承认，敢于改正。不要总是原谅自己。这是在自我逃避，一个自我逃避的人是被生活打败的人。

5. 当爱情的花开到颓败，这并不是失败，你不需要就此倒下

因为毕竟经历了一次人生最美妙的情感，无论伤害也好，痛苦也罢，都是生活留给你的一段插曲，你完全没有必要"以死明志"，你还可以在滚滚红尘中寻觅知己，也许下一次你就能遇到今生真正懂你的人。

我们要了解，就算是最优秀、最伟大的人物都会面临生活中的难题，但是他们没有倒下。在他们看来，一时的挫折不过是成功征程之中一个小小的驿站，当然这个"驿站"可能不够舒适惬意，但它不是地狱，不

是坟墓，而是成功前的蛰伏。我们的生命就像沙漠里的胡杨，生长着千年的繁茂；绝不是小草，也不是浮萍，随风飘摇。生命更应该是坚硬的磐石，亿万年不变、亿万年不烂、亿万年挺立；绝不像粉尘扬沙、随意飘落。所以，我们活着就要像胡杨、像磐石、像一座山，永远屹立不倒。

第 九 章

不抱怨：
有一颗平常心，悦纳生活中的不公平

>>>>

　　伏尔泰曾说："让你疲惫的不是那远方的高山，而是你鞋底的沙。"当遇到巨大的打击和苦难时，要给时间一个机会。无论如何，我们总得往前走，回首来路，就会发现曾经撕心裂肺的痛，已经结了疤。终有一天，我们又能唤起以往快乐的回忆，在新的生活中不被伤害。

世态炎凉，我心不凉

俗话说："繁花过后，落陌成溪。"我们每一个人都有失败和寂寞的时候，每次当我们感到满腹辛酸的时候，想要找个人倾诉的时候，却总是觉得亲朋好友当中，竟然没有一个人愿意真心地让你一吐积郁。其实，我们应该早就知道，大多数人都喜欢看你春风得意时的笑脸，而不愿听你满腹的牢骚。当你以为终于找到了一个可以将一腔心事来倾诉的时候，却看见你用真心对待的平生好友竟然婉谢约谈、离席而去，这个时候你是什么感觉？这社会上的世俗情态竟然逃脱不了人情冷暖、趋炎附势。你冷笑一声，连自己的亲戚、朋友都是这样对待你，那陌路又将如何？用一个成语来说，这就叫"世态炎凉"。

有一句非常讽刺人的话："贫居闹市无人问，富在深山有远亲。"当然，这的确是生活的真实写照，有钱有势的人就算住在深山之中，总有人找得到要去巴结逢迎；一旦你无钱无势，不管曾经多么门庭若市，现在肯定会冷淡躲避。每当我们碰到这样的事情的时候,也许会感叹一声"世态炎凉"。是的，世态炎凉，无论是古代，还是在现代，从没有改变过。

对于现世人情，我们做不到"达则兼济天下"，因为我们不是圣人，但是我们起码可以做到"穷则独善其身"。这种世态炎凉的社会现象，我们无力去改变，虽然它无时无刻不在影响着我们的生活，但是只要我们不去在意，照样可以过好自己的生活。

"世态炎凉"也是很有道理的，人在江湖，身不由己，很多人为了能够混口饭吃，想要在社会上立住脚，为了达到自己的目的就必须经历世态炎凉。所以当你富贵无极的时候，肯定门庭若市；当你落魄潦倒的时候，不用想也会"落叶萧萧"，因为那个时候你已无力对别人起到任何的帮助。所以，如果我们可以看透这一本质，就会坦然地面对世态炎凉了。

曹雪芹恐怕比任何人都了解这种切肤之痛。在清朝刚刚建立的时候，曹家就和皇室有着非常密切的联系，当年康熙皇帝南下时也曾经住在他的家中。这样的荣宠无量，不知道有多少人对曹家阿谀奉承。而曹雪芹作为曹家的一分子，肯定也见过很多这样的嘴脸。

雍正年间，曹雪芹一家受到政治斗争的牵连，让他一下子从贵公子变成了贫民。那些曾经想要依附曹家的人全都作鸟兽散，曹雪芹也不再是那个众星捧月的贵公子，而是一个落魄之人。在这个时候，曹雪芹真切地感受到了世态炎凉。

虽然曹雪芹经历过这么大的伤痛，但是他并没有因此对生活失去信心。他安贫乐道，过着自己的日子，即使衣食无着，也毫不在意。在这样的生活中，曹雪芹走上了文学创作的道路，最终写出了旷世奇作《红楼梦》。

世事就是这样变化无常，朋友之间落井下石，兄弟之间反目成仇的事情比比皆是。不管是曾经还是现在，都有人揭露和批判过这种丑恶世态，但还是有不少依然依稀可见，所以我们要完全不受影响也是不容易做到的。那么，我们该如何去做呢？

1. 努力丰富自己的知识

古人说，"以青铜作镜子，可以正衣冠，以历史作镜子，可以知兴亡，以别人作镜子，可以明得失"，我们要通过学习，尽可能对那些丑恶的东西有一个清醒的认识；通过学习，我们可以净化自己的灵魂，陶冶自己的情操来抵制世俗的恶习。

2. 笑看我们经历过的和即将经历的

有时候，如果我们能看清自己，这本身就是一件很幸运的事，我们有理由笑看今天和明天，一切都会好起来的，我们的心，我们的路，人情冷暖，世态炎凉，都会一一看透。

3. 自己要做到不会成为趋炎附势的人

社会上有那么多趋炎附势的人，也许你、我就是其中的一个，如果有一天有人落难了，没有人帮助也是理解的，既然你曾经也是这种人，为什么还说别人？为什么还说"世态炎凉"？说出世态炎凉的人大多都是落魄的人的感想。所以，我们自己就要开始做一个不趋炎附势的人，相信从我做起，一切将变好。

要知道，人与人之间的交往，不是为了利，而是为了情。我们谁也不想生活在一种没有真诚、充满戒心、相互猜疑的环境中，那样的生活太累了，太让人苦闷了。试想一下，在那样一种压抑的氛围中，我们能够开心吗？能够快乐吗？我想每个人都不愿意。一个和谐的社会，必须要一个和谐的人际关系来搭建。人间呼唤真情，为了我们生存的环境，让我们都打开心扉，真诚地与人交往，物质生活的高度发达不能代替人们之间的关系，因为我们是有情感的人，我们更需要精神生活的享受。

抱怨是沉积在鞋底的泥沙

人生绝对不会总是丽日晴天，却常有风雨相伴。就好比，病灾的降临、落榜的打击、婚姻的破裂、工作的不顺以及生意场中的失利等，这些所有的苦难，成为了人生旅途中的大多数的景观。不要奢求一路鲜花、一路歌声、一路阳光，因为那只是人们所祈求的一种美好愿望而已。在人生的旅途中，挫折和苦难却总是不期而至，让你防不胜防。那么，我们该怎么办呢？我们总不能时不时抱怨吧！

唉声叹气，自认倒霉，悲观绝望，自暴自弃，怨天尤人，诅咒命运……虽然这些也是一种生活态度。但是，在打击和磨难面前，如果我们停留在无休止的叹息中，自甘堕落，遇到不幸的事情就怨天尤人，这样肯定不会帮助你改变现实，只会狠狠地削弱你和厄运作抗争的意志，让你在挫折中不断地打击自己，在失败中制造新的失败。

我们可以冷静下来想一想，我们的抱怨有用吗？日子还得继续，抱怨就是那沉积在鞋底的泥沙，你整天抱怨只会让你更加的疲惫，正如伏尔泰说的："让你疲惫的不是那远方的高山，而是你鞋底的沙。"是啊，鞋底的沙越多，走起路来就越是沉重、越是艰辛，相同的，你如果抱怨，那么抱怨就越多。

很多时候，抱怨的人总是认为自己是最痛苦的那个，认为他经历了世上最大的困难，但是他往往忘记了，有很多人也同样经历过这些苦难。

在一个很贫穷的山庄，住着一户人家，查理是这家最小的孩子，他有一个姐姐和一个哥哥。由于生活的艰辛让这3个孩子在很小的时候就开始帮忙做家务了，并且帮助父母到山上去采蘑菇回来吃。

一天，查理像往常一样，跟着哥哥上山采蘑菇，收获很是不少，按照每天的食量，够吃上好几天了。等到他们回家，姐姐就负责做饭。

太阳落山了，看着丰盛的饭菜，孩子们高兴坏了。吃饭的时候，查理想到了门口还有一只落难的小狗没有饭吃，于是就给小狗分了点，看它吃完，自己再吃。

可是在小狗吃到一半的时候，小狗开始口吐白沫，查理吓了一跳，连忙跑回家里，看见哥哥、姐姐出现了同样的问题。吓坏了的查理赶紧去找村里德高望重的村长，村长告诉他，已经没救了。哥哥姐姐因为吃了毒蘑菇而死去，让查理崩溃了，他只能一个人孤独地活下去。

查理13岁的时候，城里有人来招工，查理谎称自己已经16岁了，然后跟着招工的人来到了巴黎。到了巴黎小小的查理才知道，他要干的工作有多么的辛苦，他们一天至少得干上16个小时，而且工资非常的少。查理就算不想干了，也只能在这里干下去，因为他对巴黎不熟。

有一天，查理在放废品的角落里发现了一本医术，于是在人们都累得倒头就睡的时候，他开始如饥似渴地读了起来。他想再也不能像哥哥姐姐那样，因为不知道药理而无故丧命了。渐渐的，查理已经成为了一个小有名气的小医生了。

但是，凭查理的文化，他有很多地方还是看不懂，有时候还做了错误的决定，就在查理心灰意冷的时候，查理看到了美国著名作家华盛顿·欧文的一段话："如果人总是抱怨自己的天

赋被埋没的话，那通常都是推辞，是那些慵懒的人和意识不坚
定的人在公众面前故作姿态而已……"

　　这句话一下子激励了他，在几年之后，他成为了巴黎最著
名的医生，赢得了崇高的威望。

很多情况下，每当失败者谈起了别人获得成功的时候，总会愤愤不平
地说："他那是运气好。他赶上了好机会、好地方。"他们把成功看作是偶
然事件，殊不知，这是别人努力的结果，可是这些抱怨的人，却不主动采
取行动，总是等待着"有一天"他们也会走运。

　　失败者总是认为成功者总是一帆风顺的，而自己的命运则是老天不长
眼，所以，既然幸运女神不肯眷顾，他们除了怨天尤人外，还能做什么呢？
这些人年复一年地按照他们那种失败者的生活模式过日子，却不知道他们
的遭遇恰恰是自暴自弃造成的。

　　曾经听过一个特别有哲理的小故事：

　　一个年轻人含冤入狱达 9 年，出来的时候总是抱怨上天对
他的不公，为什么不惩罚那些陷害他的人。后来到死的那天，
他都还在诅咒上苍，诅咒那个带给他不幸的人，后来有一位长
者叹了口气，说："可怜的人啊，你真的很不幸，虽然有人囚禁
了 9 年，可是你的心却被抱怨囚禁了整整 40 多年。"

也许很多人都听说过这样一句话："一念天堂，一念地狱。"当人们心
情愉快、欢喜、满足、安乐的时候，就感觉是在天堂里一样；而当人们的
心里充满憎恨、嫉妒、贪欲、愤怒的时候，就感觉是在地狱里一样。一个
人在一天的生活中，时而天堂，时而地狱，来来回回不知已经多少次了，
因此，我们可以这样说，天堂地狱在一念之间。

那么，我们该如何把地狱转变为天堂呢？

1. 不要对生活失去希望

也许在生活中，你遇到了种种麻烦，你觉得自己目前从事的工作不是自己喜欢的，你觉得很多事情都不如意，这个时候，想必你对生活充满了失望。但是这种抱怨的情绪，只会使你的心情变得阴暗和沉重，剥夺你本可能享有的快乐。所以，你要对生活充满希望，相信彩虹总在风雨后。

2. 面对挫折，学会不沮丧

所有的成功者都没有时间去怨天尤人，他们耽误不起这些时间。所以我们要像成功者一样，勤奋工作，把每件事情都做好，用生气勃勃和乐观去对待一切，只有这样，才能得到幸运和机会的垂青。

3. 在生活中要保持一颗平常心

所有的老板肯定都会提拔那些肯努力、肯认真工作的人。如果你是一个工作认真的人，那么，升迁的机会就可能会轮到你。如果你自以为大材小用，整天就知道抱怨，而不把事情落到实处，敷衍了事，那么，即使有升迁的机会，也不会轮到你头上。只要我们保持良好的心态，我们就能跳出"抱怨轮回"，并且才会在做事情的时候不受坏心情的影响。

那些置身于不如意环境中的朋友，最好是停止抱怨，开始面对现实，把握机会充实自己。因为一个不肯积极进取、浪费光阴的人，其实就是一种耻辱，别人不会因为你环境不好就可怜你的。你不重视现在，肯定就不会有可以期待的未来。

换一个角度，就会看见雨后的彩虹

我们的时间在一天一天地流逝，童年时期的无忧无虑、少年时期的浪漫往事都只能存在记忆的光盘中，而现在正经历的一切也像流水一样，浩浩荡荡地、义无反顾地向身后延伸，我们在抱怨时间不等人的同时，岁月在我们脸上已经刻下了痕迹。与其这样，我们还不如换个角度看一看，你要相信你的路途是精彩的，随时都是可以探险的，它有阳光灿烂，也有风雨交加。

人生并非一帆风顺，生活中的意外像天气的阴晴一样是不可避免的，但只要我们换个角度去看待问题，一切都会豁然开朗，都会变得不一样。人们都说孔雀开屏的时候，是最美丽至极的时候，但是你绕到它背后去看，看到的却只有光秃秃的屁股。所以，当你无法忍受背阴的黑暗时，就将脸转向阳光吧。

有一个天使来到人间，希望能够帮助人们找到幸福。

有一次，天使遇见一个英俊的年轻人，他多才多艺，还有数不尽的财富，并且他的妻子美丽而温柔，但是他看起来一点也不快乐。

天使问他："你为什么不快乐啊？我能帮助你吗？"年轻人对天使说："虽然我现在拥有很多东西，别人非常羡慕我，但是我一点都不快乐，我还缺少一样东西，你能给我吗？"天使回答说："可以，你想要的我都可以给你。"年轻人看着天使，呆呆地说："我想要幸福。"

　　待年轻人说完，天使一下子被难住了，随后，他想了想，说：
"我明白了。"然后他把年轻人拥有的东西全部拿走了——他的
才华，他的容貌，他的财产以及他妻子的生命。做完这些事后，
天使转身离开了。

　　一个月之后，天使又一次来到年轻人旁边，看到他已经奄
奄一息了。天使问他："有什么需要帮助你的吗？"这时，年轻
人回答："我想要回我的妻子。"于是，天使满意地笑了，把他
原有的一切都还给他，又离去了。过了半个月后，天使又一次
看到年轻人。这时的年轻人，搂着妻子不停地向天使道谢，因
为他已经懂得了什么是幸福。

　　很多事情当你拥有的时候，总觉得它平淡无味，丝毫体会不出它的美
好；可一旦失去时，便会觉得那是最幸福的。所以，只要我们换个角度，
就知道我们原来比其他人都要幸福。

　　一件事物的好坏，有时候是不能单凭主观来判断，因为每件事物都有
不同的面，从一个角度来看是坏事，但是换个角度来看也许就是好事。我
们只有换个角度看问题，才可以让我们的眼界更加开阔，才不至于撞入死
胡同。说得简单些，就是要善于变换角度，从长远的角度去想问题。

　　有这样一个故事：

　　一位老太太有两个儿子，大儿子是卖伞的，小儿子是卖扇
子的。虽然日子过得还算宽裕，但是这个老太太总是快乐不起来。
因为当太阳出来的时候她担心大儿子的伞卖不出去；而下雨的
时候，她又害怕小儿子的扇子卖不出去。以至于她每天就这样
在忧郁中度日如年。

　　有位圣人看到老人家伤心的样子，问："你为何如此伤心难过啊？"于是老太太将心中的烦闷一五一十地告诉了圣人。

　　圣人听后笑着对老太太说："你为什么会这么想呢？日出的时候，你的小儿子能把扇子卖出去，而下雨的时候，你的大儿子也会卖掉伞。你该是多么的高兴啊！"

　　老太太听完后恍然大悟。

　　生活中的事情，从不同角度观察、思考，会有截然不同的理解、感受。世上的事情都是利弊参半，你在得到些什么的时候，肯定也会失去些什么，这就是人们常说的"有所得必有所失"。所以我们不需要什么都计较，我们不妨"转个身"，这样才会保持好心境。

　　网络上有过这样一个调查：在《西游记》中的四位主人公中，你会选择谁来做伴侣？在公布答案后，居然让人大跌眼镜，猪八戒竟然排名第一。很多人认为，猪八戒又笨又好色，还总爱偷懒，而且外形非常丑陋，为什么他会是最受女孩子青睐的对象呢？

　　其实，你只要反过来一想就会明白，猪八戒真是一个专情的人啊，在取经路上一直忘不了要回他的高老庄；在路上虽然也邂逅了许多漂亮的女妖，但还是对高小姐念念不忘；猪八戒没心没肺，不会斤斤计较，在高老庄的日子一心侍奉着岳父、岳母。看来，猪八戒也是很可爱的啊！

　　换个角度看问题，生活就会变得更加美丽；换个角度看生活，才会有"柳暗花明又一村"的欣慰。

　　那么，我们具体如何让我们的生活变得更加美好呢？

1. 换位思考，多替别人着想

　　当你和你的家人、朋友、上司或是其他人有不同的想法的时候，你不要急于去否定，也不要马上就去大吵大闹。要换个角度，站在他们的位置上看看这个问题，很多人的起点是为了你好的，就比如父母来说，没有一个会害自己孩子的父母。只是他们有时候的想法太过于简单而已。

2. 凡事无绝对

蜡烛在燃烧之后就会成为灰烬，但它曾经却有一抹斑斓明媚的光辉；一片落叶，或许已经不再有绿意，但它却能有"化作春泥更护花"的美好愿望。所以，什么事情我们不要只看到一面，什么事情都不是绝对的。

3. 不要去钻牛角尖

事情往往不只有一面，那些挫折与磨难也许只是你通往成功的一个一个推不开的门。在这个时候，我们千万不要去钻牛角尖，要换个角度想一想，因为你已经知道了门后面就是成功了，应该快乐起来，快乐才能更快地找到钥匙。

人生的道路不可能都是一帆风顺，难免会有不如意，难免会遇到挫折与坎坷，关键是我们应该怎样去面对它们。从另一个角度看人生、看生活、看世界，用我们乐观、平和、进取的心去面对生活，挫折与坎坷就会成为我们成功道路上的阶梯，成为我们攀登高峰的垫脚石。当乌云压来的时候，我们要有勇气迎接风雨。要相信阳光往往总在风雨后，并且也只有风雨后才会有更绚丽的彩虹！

当一切都无法改变的时候，就要学会接受

生活中有很多事情，常常让我们感到非常的无奈。比如物价飞涨，可我们的工资却不动，比如越来越大的贫富分化，也比如越来越恶劣的生存环境……这些事情都是我们没有能力改变的。

人生有很多无奈的事情，比如妻离子散，家破人亡，天灾人祸……对于这些所不能改变的，我们任何人都无能无力，我们做什么都已经无济于事，所以我们只能举起双手投降。因为对于不能改变的事，我们只有接受，唯有接受才是最好的选择。接受，然后才能努力用自己的能力改变这样的现实！

即使我们已经是世间最不幸的人，即使我们已无法改变自己的命运，但我们仍然可以把握一样东西，那就是我们对待生命的态度。

有一个几岁大的女孩，在她刚刚生下来就被亲生父母遗弃在草丛里。被一个穷苦的单身农民收养了她。由于贫穷，单身汉买不起奶粉，就只好喂她米汤。她从 5 岁起就懂得帮爸爸分担家务，洗衣服、做饭、割草，到 8 岁还没穿过一双袜子。

这么一个人见人爱的的孩子，却得了白血病，需要 30 万元的医疗费。这时，她做出了一个让人震憾的决定，她自己在病历本上一笔一画地写下"自愿放弃治疗"6 个字。

这件事情被报道后，在短短 10 天内，爱心人士的捐款就已经超过了 56 万元，但是 56 万金钱换不回一个 8 岁的生命。遵

照遗愿，她留下的 56 万元救命钱被分成 7 份，给其他被白血病困扰的孩子。她的墓碑正面，刻着她亲口说过的 6 个字：我来过，我很乖。

在我们看来，这个不公平的世界没有给过这个女孩任何的幸运，她承受了太多常人所不能承受的痛苦。然而这个小女孩却对这个世界充满了爱意和理解，那就是：我来过，我很乖。

生命不可能是一帆风顺的幸福之旅，它很有可能摇摆在幸与不幸、光明与黑暗之间。如果我们一看到麻烦和苦难，就像鸵鸟一样把头埋在沙堆里面，这些麻烦和苦难也不会因你的消极悲观获得解决。生活中的苦难不过是人生中的一部分，只有勇敢地接受和面对它，才是真正成熟的表现。

很多悲剧发生时，我们可能常常这样自语："为什么是我呢？这太不公平了！"然而，如果你任由自己陷入怨恨与绝望中，就永远无法真正地走出困难。那么，你要学会怎样控制自己对事情的态度。因为如果你不控制它们，那么反过来它们会控制你，所以，我们只有坦然地接受这种生活态度，慢慢地你就会发现，你是这个世界上最幸福的人。

在国内，有一架航机，当飞机快要降落的时候遇到了乱流。飞机不断上下震荡，桌上的刀叉全都飞到了天花板上，然后又像乱箭一样掉下来。飞机上的很多乘客都发出尖叫声。

10 分钟后，飞机的状况越来越糟。那些尖叫的人，已经声嘶力竭了。这个时候，有人看到飞机上有个和尚，开始念起经来。这时，有宗教信仰的人也开始仿效他，整个机舱里充满了各式各样祷告和念经的声音。然而，飞机的震荡幅度仍旧有增无减。

等到经念完了，全部的人都陷入了寂静之中，这个时候，有位老先生以沉稳的声音打破了寂静，他说："请大家把身份证都放进内衣里吧。"全机愕然。老先生解释道："这样，万一发生了什么事，别人才会认得出你是谁。家人才找得到你。"于是，所有的乘客都默默地照做了。

所幸飞机并没有失事，在降落前恢复了平稳，呆若木鸡的乘客，在惊吓中听到了起落架触地的声音。

无论遇到什么情况，只要我们已经尽力，可就要做到坦然面对，清除无法改变之事带来的坏心情，保持坦然接受的轻松心态。

那么，我们具体该怎么做呢？

1. 我们要去面对苦难、接受挫折

当你强迫自己接受苦难的事实，便已预备要让时间来治疗心灵的痛楚。但是如果你抗拒命运，就好比把毒药倒在伤口上，这就导致了无法让自己开始新的生活。

2. 当我们遇到巨大的打击和苦难时，要给时间一个机会

当我们刚遭受打击的时候，似乎天都塌了。但无论如何，我们总得往前走，还是得去完成我们该完成的使命。当我们完成了这些生命中的一项又一项工作时，你会发现，曾经撕心裂肺的痛已经结疤了。终有一天，我们又能唤起以往快乐的回忆，在新的生活中不被伤害。

3. 用百倍的勇气来应付不幸

尼采有一句话："受苦的人没有悲观的权利，只有受过苦难的人才真正理解成功的可贵。"如果当我们在逆境面前选择做个逃兵的话，就只能说明你是个怯懦者，真正的勇士敢于直面人生，敢于承受生命之痛，这才是生活的强者。你要时不时地反问自己，沮丧有用吗？你得到了一些一定会失去一些，你失去了一些东西也一定会得到一些东西，如果你什么都想得到，怎么可能？

在困难面前，我们要有遗忘的能力

　　人在记忆上有一种自我调节的能力，那就是善于忘记大多数的事情，而有选择性地或是下意识地记起一些事情。一个人如果把每件事情都记得很清楚，大脑里就会充满各种各样的记忆，那的确是件让人无法快乐的事情。在生活中，总有非常多的琐事困扰着我们，我们又何必通通都记在心里呢？倒不如将烦恼通通忘掉，这样会让我们的生活轻松和开心不少。只有学会遗忘，才能将失望变成希望，将抑郁升华为一种欢悦。

　　在现实生活中，有些人记忆力特别好，总是把一些鸡毛蒜皮、零零碎碎的事记得一清二楚，并且对什么事都斤斤计较、耿耿于怀，结果不但精神委靡，而且一副病秧子的模样；而有些人则看得很开，该忘的通通忘记，这些人精力充沛、朝气蓬勃。由此可见，遗忘不仅是一种风度，更是一种健康的生活方式。

　　人不但要学会记忆，还要学会遗忘。记住对生活有益的部分，自动过滤拖累生活和加重心理负担的琐事。生活总有数不清的琐事，总有说不完的不如意，但是我们又何必通通都锁在心里呢？倒不如潇洒地遗忘，将烦恼放逐，只有这样我们才能开心地生活。

　　有位智者和他的朋友一起结伴外出旅行。当行进在一个山谷时，智者一不留神跌倒在悬崖边，他的朋友拼尽全力拉住他，不让他葬身谷底。智者在得救后说："我一定要记住这件事情！"于是他不顾朋友的劝阻，执意在石头上镌刻下这件事情。后来有一天，在海边，两个人不知道为了什么小事争吵了起来，智者的朋友一怒之下，给了智者一个耳光。智者捂着发烧的脸颊，说："哼，我一定记下这件事！"于是他找来一根棍子，在沙滩上写下了这件事。朋友看后感到很是疑惑，智者说："我告诉石头的都是我唯恐忘记了的事，而我告诉沙滩的，是我不想记下的事情，就让沙子帮我冲淡它，就这样。"

有句话说得好，"往事如烟俱忘却，心底无私天地宽。"所以，我们一定要学会遗忘，把那些无关紧要的事物通通抛之脑后。一个人学会了遗忘，就是学会了如何健康地生活，就能让自己精力充沛地面对现在，创造生命亮丽的风景线。人生在世，忧虑与烦恼太多了，实在是没有必要记住那些恼人的因素，也根本没有必要沉浸在过往中久久回味或耿耿于怀。只有这样，人才能过得快乐、洒脱一点。

林肯在冲破重重阻碍当上总统之后，任用了一个能力非常强的人，这个人是林肯原先的死对头，但是林肯却任他部长之职。这让幕僚和随从们都十分不解。"他是我们的敌人，应该消灭他！"大家愤怒地建议。"把敌人变成朋友，"林肯解释说，"既消灭了一个敌人，又多得了一个朋友。"

瑞典著名心理学家拉尔森说过一句话："心理存在'毒素'的人永远不会感觉到生活的美好，而排除'毒素'的最好方法就是学会遗忘。"

人生在世，有欢笑与快乐，也同样会有忧虑与烦恼。如果一个人整天为了小事斤斤计较，把没有价值的东西挂在嘴上、记在心里，他会时时觉得烦躁。所以，我们有必要对头脑中储存的东西及时进行清理，把该保留的保留下来，不该保留就要坚决的抛弃，这样人才能过得快乐洒脱一点。

所以，有些能够遗忘的就赶快遗忘了吧，生活总是要继续，轻松活着总比带着怨恨活着好。如果你还是看不开、想不开，那么你可以做到下面几点来安慰自己。

1. 我们是为了关心我们的人而活着的，不是为了伤害人而活着

活着就已经很好了，就让往事都随风而去吧。如果我们做错了事情就要勇于承认自己的过错，如果是别人做错了，就要学会遗忘。不会遗忘，就不会体会到现在的美好，幸福不会因为你的"无法遗忘"而驻足。

2. 在爱情上，就算曾经深爱过，面对分手，还是要想得开

不要将自己的心深深沉浸在痛苦的回忆中，不要再去搜集曾经的山盟海誓和甜言蜜语，这样只会带给你更深的伤害，我们应该学会遗忘，时间是最好的疗伤药，我们只有让时光的流水冲淡那份伤痛，才会重新去感受未来美丽的人生。

3. 家家有本难念的经

生活的琐碎和争执永远不会消失，它似乎与我们有着隔绝不断的联系，不经意间就会出现。如果不学会遗忘，永远活在不满与怨恨中，总有一天，沉重的压力会让我们崩溃。

4. 心静方能理清麻

痛苦的往事、困窘的现实是很容易让人意乱心烦、头昏脑胀的。我们只有静下心来，忘掉你头脑中无益的记忆，把那些不需要珍藏的记忆全部清除，这样你就能轻松很多，才会看得越广。

5. 遗忘自己的成功

成绩只是代表过去，并不能代表未来，有些人失败的原因就是以为有点成就就得意忘形、沾沾自喜。所以，我们要一切从零开始，那样才能跨入人生新的境界。

人生是一个需要时刻来反思、需要来总结教训的阶段，只有这样，才能发扬优点，克服缺点。所以，我们要学会遗忘，遗忘那些不用记起的杂质，保留真诚的情感，这样你才能更好地保留人生最值得珍藏的回忆。

知足才能常乐，不要让膨胀的欲望吞噬了自己

快乐，在人类生活中是最不能够少的，它是当今社会众望所归的最高境界。如果你把名缰利锁看得太重，或是欲望太多，那你注定是不快乐的。

快乐其实很简单，那就是要看淡尘世的一切欲望，不慕荣利。老子曾说："祸莫大于不知足，咎莫大于欲得，故知足之足，常足矣。"当然，当今社会竞争非常的激烈，我们是不赞同用消极的态度来对待这些的，也不是说想要快乐、无欲就必须得遁入空门，我们应鼓励积极进取参与竞争。但是，当你遇到困难、挫折、失败而令人烦恼时，千万不能冲动和失去理智，不能去做那些不明智的蠢事；或是当你已经有所成就的时候，不要让过分的欲望吞噬了你的心灵。最好的方法就是用知足常乐的心态去看待每个问题，只有这样才会使自己的心灵找到平衡点，并且也只有抛弃不必要的欲望枷锁，才能找回真正的幸福生活！

在《佛遗教经》中有说："多欲之人，多求利故，苦恼亦多。"就是说如果我们想要得太多，想要追求的东西也是非常多，就会产生诸多的不快乐。最后，什么苦果也得自己吞。

在古时候，有个放羊人在一个山洞里意外地发现了一座宝库。放羊人惊呆了，随即兴奋地从一堆金子中捡起一根，他从来没有见过这么多金子。放羊人自言自语道："要是财主不再叫我帮他放羊的话，这些钱也够我生活一段时间了。"于是他只拿了这么一点的金子就回去了，赶回财主家，他将当天的发现如

实禀告了财主。财主一把将放羊人拉到身边，急切地问他，洞到底在哪里，并让放羊人带路，带上家丁去找金子。

放羊人把他们带到那个山洞后，财主高兴得不得了。随即借故把放羊人支走，准备带走所有金子。这个时候，洞里的神仙发话了："人啊，心不要太贪，到时天一黑，山门就关了，你不仅得不到半两金子，连老命也会在这里丢掉。"可是这个财主，没有听进去。于是，这个财主还是不停地装运。一阵轰隆隆的雷声响起之后，整个山洞全被从地下冒出的岩浆吞没了，财主连自己的性命也丢在了火山的岩浆中。

当一个人的贪欲强烈到无法克制的时候，就很可能会为了自己的利益做出不择手段的事情，最后还会导致众叛亲离，最终失去了生活的乐趣。所以说，欲望不会让人快乐，只会让人精神压抑，甚至陷入大喜大悲的不稳定状态中。

活着很累，是因为欲望太多了。但是，人生也不可能完全没有欲望。米兰·昆德拉说过："欲望是一种美！"适当的欲望也是成功的原动力。只要把握好这个度，人生就会相当美满。

生命是一叶舟，它载不动太多的欲望，要想这只船不在中途搁浅，就必须轻载，只取需要的东西，把那些不重要的东西通通都舍弃掉。知福惜福，知足常乐，才是智慧而幸福的人生。

任云卷云舒，淡看人生的起伏

有位哲人说过："假如你选择了海洋，就不可能永远风平浪静；假如你选择了天空，就不可能永远风和日丽；假如你选择了远方，就永远不可能道路平坦。"所以，你要放宽心，一旦你选择了的事情就不要再去抱怨，要有一个好的心态，只要拥有一个好的心态才有一个好的人生。在《金刚经》里说："一切有为法，如梦幻泡影，如露亦如电，应作如是观。"这样的境界太高，我们这些凡夫俗子怎么可能做得到呢？虽然我们无法决定别人做事情要怎么样，但是我们可以让自己做一个淡定的人，只要能以淡定的态度面对生活种种，无论我们过着怎样的生活，都可以感知到周围的幸福。

人生就是一次次艰苦的跋涉，在这条道路上，不只是有阳光雨露，还有暴风骤雨，我们只有保持良好的心态，才能以最坦然的心态去面对一切的遭遇。人们的一生，不可能随时都是快乐的，也不可能随时都是烦恼的。有的人快乐会比烦恼多，有的人烦恼会比快乐多。我们要相信，并不是快乐的人就完全没有烦恼，最主要的是他们善于排解烦恼，善于化烦恼为欢喜，尽可能保持乐观的心情。而烦恼多的人也并不是命运不好、境遇不好，最主要的其实就是他的心态，他的心态不好的话，就算是别人认为快乐的事，他也会认为是烦恼。

有一对双胞胎兄弟，虽然他们的外表极为相似，但是性格却是两个极端，因为他们一个是乐观主义者，一个是悲观主义者。

在他们很小的时候，父亲就曾经试图改变他们的性格，他给悲观的哥哥一大堆好玩的玩具，把乐观的弟弟放到满是马粪的马棚里。几个小时后，父亲去看这两兄弟的状况，却发现了悲观的哥哥在一堆玩具里面哭，而乐观的那个却在那儿快乐地玩着马粪。

父亲感到很是疑惑，就向悲观的哥哥问道："你为什么哭，这不是有很多玩具吗？"这个孩子很伤心地说："如果我玩了它们的话，它们就会变旧，还可能会坏掉！"父亲又问弟弟："为什么你在马棚里还这么高兴呢？"弟弟回到："因为我想看看马粪里有没有小马驹！"说着，又跑去玩他的马粪了。

父亲为此叹气，他知道，他无力去改变什么了，很多年以后，这两兄弟都长大了，悲观的哥哥总是守着半瓶可乐而发愁，怨道："为什么只剩下半瓶了？"而乐观的弟弟总是高兴地说："啊，还有半瓶，真好！"

最后，悲观的哥哥忧郁而死，在他活着的日子，没有一天是快乐的。而弟弟则是面带微笑而死，他的一生总是那么快乐。

虽然我们的人生不可能有这么严重的极端，但是我们一样能在故事中读懂：乐观的人总是能够在危难的时候看到有利于自己的那一面，而悲观的人就是在美好的时候看到的也是不利于自己的一面。其实，想做前者并不难，你只要在看到阴影的时候及时转身。

心态是健康的调节器，人性有着种种弱点，这些弱点经常会搅乱人的心绪，导致人的心态失衡。一旦心态失衡，人就会出现或嫉妒、或暴躁、或逢迎、或猜疑、或牢骚等情绪，导致健康的失调。逢迎非常龌龊，它恭维了别人，却贬低了自己；妒忌是一种人性的瑕疵，它不但会诋毁别人，还会烤焦自己……人性之所以有种种弱点，归根结底就是心态失衡造成的。

所以，只有良好的心态才能保证健康的体魄，才能固守精神家园。

我们应当努力摒弃这些弱点，时刻保持一种宁静而豁达的心态。当你得意时，要做到不癫狂；当你失意时，要做到不颓废；当你在成功时，要做到不骄躁；当你失败时，要做到不气馁。只有这样，我们才能经受住苦难的磨练，克服胆怯的羞涩，抚慰失意的痛苦，最终才能宽容他人的过失。

境由心生，你的心境，不但决定了你的处境，还决定了你的命运。拥有好心境的人，他有着良心、善心、爱心，看别人、看自己都是美丽的；拥有好心境的人，他可以对人宽容、耐心、细心，当事情发生时还可以恬然、平静地面对，也会进行冷静、清醒地分析，从容不迫地解决事情；拥有好心境的人是积极、乐观、长寿的，并且有好人缘、好运气、好前程。

你如果越是在乎一件事情，就会做得越糟糕，这是为什么呢？关键在于心态。世间任何事情，你都可以用两种态度去看它，就像钱币，存在正反两面，这一正一反，就是心态。

我们应该怎么地正确运用心态呢？

要学会调节自己。生活总是充满变数，天灾人祸，悲欢离合，生老病死，喜怒哀乐，这些都在所难免。最简单有效的做法就是用积极的心理暗示去替代消极的心理暗示。当你想说"我恨他，不能原谅他"的时候，要很快替换成"原谅他吧，谁没有犯错的时候呀"；当你想说"我不行，我太差劲儿"的时候，就要马上替换成"不，我还有希望，我一定能行"等等。并且，在平时要养成积极暗示的好习惯，对自己说一些鼓励自己的话，比如"我是最棒的""这一切都来得及"。如果把这几句话当成口头禅，那你的一切就会"真棒"了。要记住，你的心的判断，往往已经决定了你的态度，决定了你当初的心情，而你的心情也会决定了你的生活，更加决定了你以后做事情的质量。

人生没有绝对的公平，只有相对公平

从古至今，从国外到国内，公平永远是一个敏感的话题。是的，我们渴求公平。但是我们也清楚地知道，在这个社会上，是没有绝对的公平的。我们的生活不是一场辩论会，在这里，它没有公平的法官出席，也不会有人为你辩论输赢。也许，它会把鲜花全部送给别人，而留给你的全是荆棘。但是，那些看得开的人绝对不会强求生活给自己玫瑰，他们要做的，只是把手里的荆棘种出玫瑰。看得开的人在让荆棘开满玫瑰的过程中，有挣扎却没有痛苦，有呻吟却不会有眼泪。

世界上不公平的事情有很多，有的人长得漂亮，有的人则其貌不扬；有的人体魄雄健，但有的人却患上先天残疾；有的人天生聪慧，有的人却资质鲁钝……这些不公平的现象从人一出生就已经出现。当这些不公平的现象出现在我们周围时，我们可能会慨叹、懊恼甚至怨天尤人，但是，你不觉得不管你如何抱怨，那些不公平的现象也不会因此而改变。那么与其这样，我们还不如看开些，用一个良好的心态去面对不公平，把抱怨化为动力，这样的话反而可能会在一定程度上弥补人生的不公平。我们要相信上帝，因为他在给我们关上一道门的时候，肯定开启了一扇窗。

有一个国家的歌唱家在30多岁的时候就已经誉满全球，而且家庭美满。有一次听说他要到某个国家开演唱会，演唱会的入场券早在一年以前就被抢购一空。并且，当晚的演出也受到极为热烈的欢迎。

当演出结束的时候，歌唱家和他的妻子、儿子刚走出剧场，就被早已等在那里的观众团团围住。人们纷纷向歌唱家送来了赞美和羡慕之词。有的人恭维歌唱家这么年轻就已经走红，并且还进入了国家级的歌剧院；有的人恭维歌唱家娶到一个温柔贤惠的妻子，膝下又有个活泼可爱、脸上总带着微笑的儿子……

当人们在说的时候，歌唱家只是安静地在听，并没有表示什么。等人们把话说完，歌唱家才缓缓地说："我要谢谢大家对我和我的家人的赞美，我希望在这些方面能够和你们共享快乐，但是你们看到的却只是一面。你们夸奖的活泼可爱、脸上总带着微笑的这个小男孩，其实是一个不会说话的哑巴，而且他还有一个需要长年关在装有铁窗房间里的精神分裂症的姐姐。"歌唱家的话让人们无比震惊，你看看我，我看看你，似乎很难接受这样的事实。

这时，这位歌唱家又心平气和地对人们说："这一切说明什么呢？恐怕只能说明一个道理：上帝是公平的。那就是上帝给谁的都不会太多，也不会太少。"

是啊，上帝是公平的。想要获得更多，那么所承受的必定也更多。为什么呢？很简单！那就是人生没有绝对的公平，只有相对的公平。没有谁的成功是轻而易举的，所以请尊重任何一个努力的人，尊重他们的成果！因为每一份成功背后的辛酸肯定都是刻骨铭心的。

中国有句俗话，"比上不足，比下有余"，所以，当你为自己的不公平而愤恨的时候，想一想那些正遭受磨难的人，相对于你，他们是否更不公平。要知道你今天还活着，而有些人在你酣睡的时候已经离开人世；你还有饭吃，有衣穿，而有很多人食不果腹，衣不裹体；你要知道，你还有点积蓄，而还有很多人身无分文。

当我们在慨叹命运带给我们的不公时，有没有真正静下心来想过，是什么让我们对这个世界看不顺眼，其实就是我们的内心。

不公平是客观存在的，我们想要追求公平是对的，但却不能苛求生活给自己绝对的公平。当我们遇到不公平的事情的时候，根本没有必要去怨天尤人、自怨自艾。虽然不公平在很多时候会让我们感到非常痛苦，但是只要我们看淡这些不公平的事情，它就不会在我们的心里产生涟漪，我们也不会失去对生活的信心。

作为女孩子，要争取经济独立，15 到 25 岁的时候，争取读书和旅游机会；25 到 35 岁，最好是要努力工作，积极进修，组织家庭，开始储蓄，并且随时随地地保持活泼乐观的心态……这双手虽小，但属于自己，做出成绩来，享受成果，很开心……

虽然不如意的事情总是不断地在发生，但是解决的办法还是有的。我们不知道什么时候会遇到困难，但是我们只要无时无刻地做好应对困难的准备，那么当困难真正来临的时候就可以更加理智冷静地分析处理这些难题了。

失去的东西，就是不属于你，你没有必要去惋惜，何不潇洒一点？无缘的总是会离开的，有缘的你赶也赶不走，所以，放宽心，真正属于你的那个也许正等着你挖掘。

如果我们总是对那些不公平的事情耿耿于怀，肯定会对我们的生活产生不好的影响。生活并非时时刻刻都是美好的，但是只要我们能够坦然面对那些不美好的事情，相信生活最终会向我们展露它最灿烂的微笑。

第 十 章

慈 悲：
每个人都需要仁慈，改变人生从学会爱开始

>>>>

　　伤痛，谁不曾经历；慈悲心，其实每个人都有。慈悲就是把别人的痛苦和自己的幸福交换，简单地可怜别人算不上慈悲。爱，疗愈内心的伤痛，温暖彼此的世界，心中有爱，生命便拥有更多温情和感动。

苦难带给我们痛苦，也会带给我们同情心

曾经听过这样一个小故事：

很久以前，在一个畜栏里，关着绵羊、山羊和小猪。突然有一天，这只小猪被主人捉住了，它拼命地挣扎，并且大声地嚎叫，吵得绵羊和山羊很不耐烦。于是它俩开始议论："主人经常捉我们，可是我们从不叫，这小猪未免太小题大做了吧！"小猪听了，一边痛苦挣扎着一边回答："这根本就是两码事！他抓你们只是为了剪羊毛、挤羊奶，可是抓住我，却是想要我的命啊！"

这个故事肯定会给你很深刻的触动：世间的人们往往都是如此，事不关己，无关痛痒，只有当事人才会有切身的体会和感受。

我们经常会看到这样一些人：当看到他人遇到挫折而痛苦时，不但不会好言相慰，反而冷嘲热讽。通常，这样的人都是没有经历过类似的痛苦。只有那些"同病相怜"的人，才会有相同的感受。也就是说，只有自己有某种苦难，才更容易理解有相同经历的人，并产生深深的同情。可以说，苦难在带给我们痛苦的同时，也会带来一种宝贵的东西——同情心。

为什么小孩子天真烂漫却缺少同情心呢？就是因为他没有经历过苦难的感受，当然也就不知道同情为何物。我们要感谢苦难，人世间也许正因为有了苦难，人们才能懂得什么叫同情，什么叫爱。也许，苦难就是彰显人类高尚情操与美好情感的必要条件。

　　著名歌星王菲和李亚鹏的孩子嫣然，因为得了唇腭裂，给他们带去了非常大的精神痛苦和折磨。从美国给孩子治疗回来的他们知道中国目前还有240万个孩子依然是唇腭裂患者，因为没钱治疗，他们只能以一个残缺的形象去面对社会和世人。这使他们深切理解和同情拥有同样痛苦的家庭，并且为此开办了嫣然慈善基金。李亚鹏夫妇捐款100万。据中国红十字基金会有关负责人介绍，在中国红十字基金会，以个人名义发起的爱心基金，这还是第一个。

　　李亚鹏在《李亚鹏：守护天使》的节目中谈道："我从发现嫣儿患有唇腭裂到面对、接受再到勇敢地走出来，是需要一股很大的勇气和信心的，这种信心还包括了父母和孩子之间建立的信心。"

　　现在很多人的同情心已经严重地缺乏了，在追求快乐和财富的过程中，已经变得僵硬而漠然，在自己的路程上急切地奔跑着，对他人漠不关心，甚至对欺诈和犯罪也熟视无睹。因此，同情心在当今社会里显得格外宝贵。

　　正像我们需要别人的关心一样，你身边的每一个人，就算是陌生的路人，都需要你的关心。如果你以真诚的心去关心别人，别人也会关心你，或许在你困难时还会助你一臂之力。而如果你对别人表现得熟视无睹，也许当你在遇到困难的时候，换来的也只是别人的冷嘲热讽。

　　那么，我们该怎么运用我们的同情心？

1. 首先要保护自己不被伤害

　　有时候，我们所遭遇的痛苦其实是来自别人对你的伤害。在这种情况下，有很多人容易产生怨恨和报复心理，而不容易形成同情之心。我们知道，人类是群体生活的动物，既然在一起生活，彼此之间肯定会产生矛盾和冲突，就会造成伤害，而人们对待伤害的不同态度造就了不同的人生。所以，只要我们仁慈地面对一切，我们就能减少不必要的伤害。

2. 适度地同情别人

　　有时候过分地同情也是一种伤害，我们在同情对方的时候，要先了解一下对方是否需要你的同情。也许对于他来说，这个不算什么大事，或是不想让人揭开他的伤疤，如果你过分地同情，只会让他觉得你是在他的伤口上撒盐。所以，我们一定要适度地表示我们的同情。

3. 从侧面去同情别人

有很多人的自尊心都特别强烈，在经受过困难的时候，还会变得特别敏感。如果我们真心想要去帮助他的话，最好委婉一点，不要直接去跟他说："我在同情你。"因为这会让他觉得自己是个弱者，一定要靠帮助才能支撑下去，这样就会导致对方特别厌恶这种同情，强烈排斥你。所以，你要从侧面入手，从微不足道的小事情来帮助他，并且让他感觉到你不是刻意在帮助他。

苦难，谁没有经历过；同情心，其实每个人都拥有。但是在信任缺失的今天，我们也许是在害怕自己的一番同情被别人拿去践踏。但是，你有没有想过，万一是真的呢？也许我们小小的帮助就能让真正需要帮助的人感觉到无比的温暖。

忘记恨，让我们的人格更崇高

恨其实就是一把双刃剑，在伤害了别人的同时，也伤了自己。当一个人的心中有恨时，总是觉得别人对不起自己，总是认为自己付出了太多，而别人却熟视无睹，总是想当然地认为别人应该怎样回报你却没有那么做。其实，当你在恨中纠缠而找不到出口时，你不妨冷静下来仔细思考一下，在我们怨恨他人的时候，我们可以从中得到了什么？答案只有一种，那就是让自己受到更深的伤害。

古希腊神话中有一位叫海格力斯的大英雄。有一天，他走在一条崎岖的山路上，于是忍不住抱怨，就在这个时候，他突然发现脚边有袋子似的东西很碍脚，没有了耐性的海格力斯狠狠地踩了那东西一脚，可是，那东西不但没被踩破，反而还膨胀起来，变得非常的大。海格力斯恼羞成怒，捡起一根碗口粗的木棒就开始砸，可是这东西竟然胀大到把路堵死了。

就在这时，出现了一位圣人，对海格力斯说："朋友，快别再动它了，赶快忘了它吧，离它远一点吧！它叫仇恨袋，如果你不去惹它，他便小如当初，一旦你侵犯它，它就会膨胀起来，挡住你的路，与你敌对到底！"

仇恨是个很小气的东西，你伤害它，它肯定会伤害你。在茫茫人海中，相识就是一种缘分，而这些邂逅中不会每一个都是你爱的人，也包括一些你恨的人。

你也许会用一生的时间去爱一个人或恨一个人。可以肯定的是，当你爱一个人的时候，你是快乐的，他给予你很多欢乐的、美好的回忆。只要你想起他，你肯定就会露出甜至心底的笑容，心情也会分外轻松；而恨就不一样了，你会不想见到他，甚至是他的朋友，你也不愿意提及，有时候，你真想要狠狠地报复他，觉得让他跪在你的面前你才解恨。恨不得把他撕成碎片，把他的心掏出来看看到底是什么颜色的。这样，你的内心就被这些"恨"吞噬得伤痕累累，你强迫自己忘记关于他的一切，但是你越想要忘记，他却总像个恶魔一样浮现在你的脑海，于是你会变得更加烦躁、痛苦而不可理喻。到最后，你开始恨自己，恨自己瞎了眼，为什么会对他死心塌地，恨老天为什么要让自己认识他，结果你只会越来越恨，越来越无法自拔。

看到上面的文字，感情上有伤的你是不是深有感受？其实，想要忘记一个你恨的人和忘记一个你爱的人都不是一件容易的事。所以，不要轻易去恨一个人。恨一个人是毫无意义的，只会苦了心、累了身，而你恨的人还不是一样过着他逍遥的日子，根本不会对你有任何的内疚。所以，不要傻了，伤了自己的身体多不值得，为了让自己过得幸福快乐，还是将那些恨通通都忘记吧。

有一位颇有成就的副科长，他在企业里兢兢业业地工作了近30年，就在他临近退休的时候，以他的条件足以评上正科长的，岂料，该企业的总经理却在关键时刻阴了他一把，这让他一生都在为之奉献的工作变得不完美。为此，他心里对那位总经理产生了非常深的怨恨，就算很多年过去了，他心里仇恨的火焰也没有被熄灭。

就这样，原本应该安享晚年生活的他，因为心情不好，老是感到身体不适。去医院检查过，也服用过大量的药品，但情况还是没有好转。

后来，他的一位做心理医生的老同学知道了他的事，就开导他说：一个人只有做到忘记怨恨，才能从不快的痛苦中解脱出来；否则，就是在拿别人的"错误"惩罚自己。他听后心情豁然开朗，并且还主动去那位总经理家登门拜访，经过一番推心置腹，把双方的误解化为云烟，身体的不适也不治而愈，从此笑容常常挂在他的脸上。

是啊，现在的人这么多，哪一天不是人与人之间频繁地接触？无论与陌生人还是自己的亲朋好友，谁又能真正地说，自己与任何一个人都相处得很好？这个世界本来就充满矛盾，谁又能完全脱离这些摩擦呢？"恨"只能让一个人在狭隘中萎缩，"忘记恨"却能让一个人拥有人格上的崇高。

如果我们还是执意不肯忘记怨恨，那么我们也就否认了自己拥有宽容豁达的心，这样下来，我们内心也会更加强调自己是"受害者"。长期下来，心中对那个人或事的怨恨就会不断升级，而对自己的伤害同样也会升级。

我们生活在这个世界上，无论你以什么样的心情过，日子都要一天天过，你快乐也是过，不快乐还是一样要过。没有人有权利让我们不开心，不开心的是因为我们还不够宽容，是我们总是残忍地和自己过不去，你认为，对自己的伤害就能对别人报复了吗？错了，人家根本不在乎你的恨，因为受伤害的是你自己。所以，我们要用热情去对待世界，尽情挥洒自己的欢笑，用一颗真心去对待朋友，用爱心对待亲人，忘记那些深埋内心的怨恨，这是对伤害你的人最好的报复。这样的你，必然会活在一个全新的、充满脉脉温情的世界中。

宽容别人，就会拥有更多

什么是宽容？当你一只脚踩在紫罗兰的花瓣上时，它还将香味留在了你的脚上，这就是宽容。我们可以原谅别人，将一份宽容放在彼此无法融合的鸿沟前，这样，你给了别人一个机会，也是赋予了自己一种解脱，我们何乐而不为呢？反过来说，如果永远不想去宽容别人，它就会像长有虫洞的苹果一样，越来越腐烂，甚至将慢慢吞噬你纯洁的心灵，你将再也看不到鸟语花香，再也听不到高山流水。其实，每当我们原谅了别人的过失时，也就是解开了自己的心锁、释放了自己！

在生命的旅程中，谁敢保证永远不会伤害到别人，谁又敢保证永远不会被人伤害呢？很多时候，我们在不经意之间，或是在局面不受自己控制的时候，我们很容易被他人伤害，也很容易伤害到他人。那么，当我们在受到伤害时，如果学会坦然地原谅别人，并且把微笑留给伤害你最深的人，这才是感情的一种最高境界。

"是非天天有，不停自然无"，在生活中，如果有人和你发生争执时，你最好不要太过较真，不一定非要分个输赢，就这些小事而言，是没有所谓的输赢，就算赢了，你也得不到什么好处，而输了，你又会输掉什么呢？所以，宁可自己主动去原谅别人，也不要让别人来原谅你。

可能有人要说了，要面对那些对自己痛彻心扉的伤害，如果要做到释怀，谈何容易啊？对于那些无情的背叛、刻骨的伤痕，都已经是深扎心里了。每当想起，都会咬牙切齿，又何谈原谅呢？那么，我们不妨看看齐桓公重用管仲的范例吧。

在百家争鸣的春秋时期，齐国国王齐襄公死后，肯定要面临新的君王上位，但是，齐襄公有两个儿子，一个是公子纠，一个是公子小白。这两个异母兄弟听说自己的父亲去世后，分别从鲁国和莒国回齐国争夺王位。这个时候的管仲是辅佐公子纠的，在他们回齐国的途中，管仲曾经派人射杀公子小白，以此为公子纠消灭竞争对手。奇怪的是，公子小白并没有死，并且还抢先回到齐国都城夺取了王位，他就是历史上著名的齐桓公。

后来，公子纠被赐死，管仲也被押送回齐国。本来这个时候齐桓公对管仲有着刻骨铭心的恨，非常想把他千刀万剐。但是齐桓公是一个广纳贤臣的人，他在听了鲍叔牙的劝告之后，不但没有杀管仲，还亲自出城迎接他，并且任命他为相。齐桓公之所以会九合诸侯，一匡天下，成为春秋时代的第一位霸主，这和他不记一箭之仇，原谅并重用有治国之才的管仲是分不开的。

雨果曾经说过："世界上最宽阔的是海洋，比海洋宽阔的是天空，比天空更宽阔的是人的胸怀。"是啊，宽容的人一般都有着宽广的胸怀和巨大的智慧。只有忘记仇恨，才能与人和睦相处，才会赢得他人的友谊和信任，才会赢得他人的支持和帮助。只有忘记仇恨，才能放下沉重的心理包袱，轻松地向前走去。

原谅是一件非常难能可贵的事，需要有爱心，有涵养，有博大的胸怀。

"要爱你的仇敌。"因为没有原谅就不能解脱。人的一生中，总会有许多磕磕碰碰的事情发生，如果我们一直不肯原谅，最后伤害的还是自己！

我们要原谅那些令你痛苦不堪的人，原谅那些你认为无法忍受的事，让种种的不愉快都随风而去吧。在不肯原谅的人与事面前，静静地释怀吧，过去了的就让它随着时间慢慢消失吧。

在日常生活中，我们要对别人宽容，要做到"三不"：

1. 不责人小过

人无完人，每个人都有犯错误的时候，这肯定是无法避免。所以，我们能忽略的就忽略吧。不要老是抓住别人的小辫子，让矛盾激化。

2. 不揭人隐私

每个人都有自己的小秘密，有很多事情是不愿意让更多的人知道的，比如生活习惯、特殊爱好等，这些都是自己的秘密，如果那个人把这些秘密告诉了你，就证明他把你当作最好的朋友。你怎么忍心去伤害一个对你推心置腹的人？如果是你不小心知道了他的隐私，那你更不能到处去说了，因为祸从口出的这个道理人人都懂。

3. 不念人旧恶

或许有人曾经犯过你无法原谅的过错，甚至是，他曾经的过错已经触犯了道德与法律。但是，至少他现在已经改头换面，重新做人了。你何必要紧咬着不放，为什么所有的监狱都有重新做人这番话？是啊，他们已经重新做人了，为什么你还是不肯原谅呢？也许给你的伤害太深了，但是，现在可能想要的就是你的一声原谅！

我们在做到这三点的时候，更应该做到的一点就是对自己的宽容。因为只有对自己宽容的人，才有可能对别人宽容。很多时候，人的烦恼来源于自己，如果我们太过争强好胜，那么就会被一些身外之物所累，失去了做人的乐趣。

人的生命非常有限，有太多美好的事物值得我们去追求，有太多幸福的生活等着我们去享受，有许许多多的人还等着我们去关爱……与其把时间浪费在"不肯原谅"的痛苦中，倒不如珍惜时间，享受生命，享受阳光，享受爱与被爱！

莫以恶小而为之，莫以善小而不为

在我们的现实社会中，积极进步和腐朽落后总是并存的，有的人表现出善良，有的人表现出邪恶。但是，不管你是善良还是邪恶，都是从微小的积累中所体现出来的，因为，每当"小善"与"小恶"的积累到了一定的量时，自然而然就形成了"大善"与"大恶"，在这个时候，人的思想便会体现出一种鲜明的正反对比。古人一句"勿以善小而不为，勿以恶小而为之"，就是向后人说明了这样一个道理：不要因为好事不起眼你就视而不见，不要因为坏事微不足道你就肆意妄为。

我们不要以为自己不会受报应而轻视小恶，也不要以为得不到回报而轻视小善。积善可以成德，雷锋之所以伟大，并不是他最后的献身，而是他无论在作为一个农民、工人或者士兵的时候，都从微眼处为国家、为集体和他人着想。小事虽小，但贵在精神。很多事情让别人看起来很小，就很容易被忽视。

大德高僧星云大师讲了一个故事，很教人受惠。

在抗日战争期间，有一位年轻的战士在赶赴沙场的途中，救了一位跳河自尽的妇人，妇人在被这个年轻人救上岸之后，不但没有感谢青年，还责怪青年害她生不如死。年轻人很是好奇，于是就一再地询问，妇人这才伤心欲绝地道出了自尽的原因，原来她的丈夫遭人陷害已经锒铛入狱，在家中还留下年迈多病的高堂以及三个嗷嗷待哺的稚子。可是家徒四壁，贫无立锥，这位妇女只好将仅有的衣物拿去典当，换了一块银元，想先去治疗母亲的陈年病疾。哪知奸诈的商人却以假的银元欺骗了她，这位妇人已经觉得走投无路了，只好一死以求了断。

这个青年人听了之后，油然升起了恻隐之心，就对妇人说："您的遭遇太值得同情了，我这里还有一块银元，您拿回去安顿家人吧，为了免得再危害到其他人，请您把假的银元给我吧！"这个年轻人拿了假银元，随手把它放在了上衣口袋里，就出征去了。在一次激烈的战斗中，枪林弹雨之下，一颗子弹朝着这个青年的胸膛射来，正巧打在放着假银元的部位，假银元凹陷了下去，却救了青年一命，青年赞叹说："太值得了！这一块银元真是千金难换啊！"

青年由于一念之善，以一块银元救了妇人一家，也为自己挣回后半生的人生。

人生其实就是一场投资，有眼光的人总会在未来的竞争中脱颖而出。而投资最重要的其实就是回报，没有回报的投资是无用的，有人会问，有没有一本万利的投资法宝呢？答案是有！那就是善举。在这个社会上，我们只有付出，才会有所回报，当然，付出得越多，收获得也就会越多，这就是生活的真谛。

我们认为，小善不能不做，就算是小的不能再小的善都不要疏忽，莫以小善而不为。而小恶都要坚决戒除，因为小恶积多了就会成大恶。可是，当今社会，风气却是正好颠倒，以为小善无所谓，何必去做它，小恶无所谓，就可以造作。所以就导致了很多人道业不能成就，不能进步。

相信很多人都有过小恶，因为我们毕竟不是圣人，我们只是一群普普通通的人，但是，一旦我们遇到了状况，首先想到的应该还是从善。

有一个德高望重的和尚，他有两名弟子。一天，大弟子外出化缘的时候，得到了一担鲜桃，他挑着桃子愉快地往回赶。在路过一个村庄的时候，大弟子内急，就把桃子放在树下，然后就找地方方便去了。在回来的时候，看见一大群人正围在树下吃桃子，大弟子大喊一声："那是我的桃子，不许吃。"听到喊声，人们"哄"的一声散了。

回到寺里，大弟子向和尚抱怨："这个村子的人真是太可恶了，居然偷吃桃子。"和尚慈祥地笑着："不怪他们，愿佛祖保佑他们。"

又过了一阵子，他的二弟子下山化缘，但是一不小心摔伤了腿，倒在了李家庄的村口。村民发现了他，把他抬回家中，还请来医生给他治疗。伤好后，二弟子回到寺里，把经过告诉了和尚。

和尚笑了，他转身问大弟子："你还说李家庄的人可恶吗？"大弟子挠着头，说："上次是挺可恶的，这次怎么变得友善了呢？"和尚回答说："大善大恶的人，毕竟是少数。其实大多数人，都和这这些村民一样，是些普通人。既有小善，也有小恶。你给他一个恶的契机，他就表现为恶。你给他一个善的契机，他就表现为善；所以说，恶要原谅，善要引导。你把一担桃子丢在树下不管，还怪别人偷吗？"

是啊，我们只是普通人，我们总有过失。我们有时候做善事是出自于自己的良心，而有时候做了恶不一定是自己的本质，佛家说得好，"恶要原谅，善要引导"，但是社会上很难得有向高僧那样的人。所以我们一定要时刻警惕我们自己的行为，不要让人来戳穿你的恶性，不要认为只是一点小善就不做。

　　"勿以善小而不为"，万事万物都有联系，你付出得多，别人给你的回报就越多。所以说，人要及时行善，你的善行才是你获得回报的源泉。在行善的时候，你在人世间刻下的是"1"，那么很多个"1"组成下来，就是一排排完美的数字，也是一颗颗感谢你的心。

把爱拿走，地球一片荒芜

爱，是天底下最美的词汇。爱，是一朵从人心灵盛开的鲜花，这朵花比其他的花更加灿烂。因为有爱，这个世界才变得温暖，因为有爱，我们才能体会到世界的五彩斑斓。莎士比亚曾经说过："爱，就像春天，永远使人温暖，鲜艳，清爽。"是呀，爱是永恒的，它没有界线，没有距离。

爱是一种精神。它不代表某一个人，也不代表某一件事物。比起苦难和伤痛来讲，真诚的爱更能升华一个人，在彼此付出的爱中，纯净的心灵就更加接近了真理。

一个没有爱心的人，不会对家庭和社会担当起任何的责任，在动物世界尚有"舐犊之爱""乌鸦反哺"的感人场景，所以，人更不能没有爱心。

有一位专门研究鸡的教授，有一次，这个教授把一只山雉蛋放到刚刚生蛋的母鸡的窝里。母鸡在发现蛋不一样之后，虽然犹豫了一下，但是还是把山雉的蛋孵了出来。

更加奇妙的是，这只母鸡好像知道小山雉不吃饲料，专门把小山雉带到树林里，自己用爪子将土刨开。寻找土和树根之间的小虫，然后咕咕地叫着那只山雉来吃小虫，而它从前孵的小鸡都是吃饲料长大的。教授看了特别惊讶，又拿来一些鸭蛋让这只母鸡孵化，母鸡一样耐心地把鸭蛋孵化成小鸭，然后把小鸭子带到水池边，让小鸭在水里游泳。

在人类眼中，鸡是没有感情的，但同样拥有爱心和智慧。动物尚且能够以自己纯真的爱心去对待外形和生活习性都与自己不同的异类，那么身为人类的我们，是不是更应该用自己的爱心去对待那些小动物呢？也许有人会认为，母鸡只是出于动物的本能。是啊，动物尚且有本能，对待其他的异类，那么对于我们这种高智商的人来说，难道连一个动物都不如吗？对于人类来说，爱心肯定是不应该仅仅局限于本能的，它应该是人类崇高精神的体现，是一种美德，也是一种高尚的情操，更是一种自觉自愿的行动。

有一个真实的故事，故事发生在合肥。

在合肥某大学有一个研究生，叫作孙静。这个姑娘是山东烟台的，她因为一句承诺照顾了一个先天性脑瘫女孩7年的时间，这个脑瘫女孩叫史小玲。

7年前，孙静是学校"青年志愿者联合会"里助残队的一员，当她第一次来到史小玲家里的时候，她看见小玲的父亲瘫痪在床，母亲患小脑萎缩也躺在床上，整个人都震撼了。史小玲不仅说话让人不明白她在说些什么，就连走路都是东倒西歪的。

孙静在她家整整一个下午，完全听不懂小玲在讲些什么，孙静第一次接触这样的一个残疾人，甚至不敢与她对视。在第一次拜访完，快要走时，史小玲突然拉着孙静的手问道："你下次什么时候来？"孙静被那渴望的眼神打动了，并且承诺她："只要有空，我就来看你。"富有爱心的孙静怎么也想不到，自己竟然会因为这一句承诺，整整坚守了7年。

7年的时间，孙静慢慢读懂了小玲，她不仅可以听懂小玲说话，还能了解她的内心世界，并且，她还知道在说话时，为了让小玲更加舒服一些，最好是要坐在小玲左边；她还知道，小玲吃的一种药片，每次是半粒分量，所以，孙静每次都会细心地检查药瓶，为她把一瓶药片都辦好。

后来小玲的父亲去世了，孙静知道小玲父亲生前曾借给别人 1 万元钱。但是在小玲父亲去世后，小玲多次讨要未果。孙静为了此事，一次次地到合肥市法律援助中心寻求帮助。律师拗不过孙静的执著，终于接下了这个年代久远的案子，最终在媒体和律师的共同努力下，小玲追回了欠款。

孙静该毕业了，可是临走前，她最放心不下的是已经照顾了整整 7 个年头的史小玲。孙静对小玲说："无论我走到哪里，心里始终牵挂着你！"

其实，世界上不仅只有一个像孙静这样的人，不是只有一个像史小玲这样需要帮助的群体。但是，不管在哪里，我们都真真实实体会到了爱，在那一刻，世界变成了美好的人间。对于人们，爱心是无价的，因为它不要求回报，它是人与人之间互相关怀，互相帮助最自然的体现。

人生活在社会中，注定了不是单一的，有和他一样被称为人类的生物与之共存，而社会需要爱心来构建，人是离不开爱心的。爱心是人生中最为重要的情怀，没有了爱心，人间就会失去温暖，社会也会失去光彩。

爱，是别人无法夺走的财富

有这样一则故事：

在一个农夫家里，有一天，女主人到屋外收拾东西，看见屋外的石桌旁坐着 3 个老年人，一副风尘仆仆的样子。善良的女主人说道："你们一定是饿了吧，快进屋吃点东西吧。"其中一个老人站起来告诉她："谢谢，我有两个朋友，他们叫'财富'和"成功"，而我叫"爱心"，我们三个人只有一个人可以进去，不能同时进。"这时，丈夫走了出来，他觉得应该邀请"财富"进去，但是妻子却认为，最好是邀请"成功"进去。这时，他们的儿媳妇听到了争论，说服他们邀请"爱心"进去："我们为什么不请爱进来呢？只要我们家里充满了爱，什么苦都会变成甜的。"

夫妻俩顺着儿媳妇的意思，礼貌地邀请了'爱心'进去吃饭。可是很奇怪的是，另外两个人也跟着进来了。夫妻俩很疑惑："不是说只能进一个吗？为什么你们也跟着进来了？"

成功笑着回答："不错，如果你们选择了我或者财富，那另外的两位就会留在门外。但是你们选择了爱，他是我们的老大，不管他在哪儿，我们都要跟在他的后面。有爱的地方，就一定有成功和财富！"

是啊，一切因爱而生，爱心是人类最辉煌的人性，只要有爱心，你就能取得"财富"和"成功"。

我们从小到大，无时无刻不受到父母的呵护之爱，亲友的帮助之爱，朋友的体贴之爱。可是，到底有几个人真真正正地回报过他们？有几个人真真正正用自己的爱心去帮助过他们。世界上有几个伟人是因为冷血而让人们崇拜的？没有！伟人之所以成功，和他们的爱心有着非常大的联系。

爱心不是偶然的，它是从人的一举一动中表现出来的。它给人以平凡，而不是伟大。爱心是人活动的根基，只要你的一个微笑、一句问候，都会让人感到温暖。爱是人生最伟大的信念，有爱才会有一切，心中有爱，你才会对自己的工作和生活充满热情，才会在困境寻找到方向，拥有爱心，你的人生就会有财富和成功。

人们热衷于财富和成功是无可厚非的事情，因为人们的生活本来就需要财富和成功。但是，对于人们来说，关键还是要有仁爱，因为它是别人无法夺走的财富。

城市里来了一个杂技团，5个12岁以下的孩子手牵手排在父母的身后，满脸兴奋地等候着买票。他们在不停地谈论这次上演的节目，似乎他们就是在舞台上表演的人。终于轮到他们买票了，售票员问要多少张，父亲很神气地说："我要5张儿童票，2张成人票。"售票员报价之后，母亲的心明显一颤，赶紧把头低下去。父亲咬咬唇，不太相信地又问了一句："你刚才说是多少来着？"售票员又重复了一遍，父亲的眼里透着痛楚。他怎么忍心告诉这群兴致勃勃的孩子们，他们的钱不够！

一位和他们一样排队买票的男士目睹了这一切。他悄悄地把自己兜里的20块钱扔在地上，然后又捡起，拍拍这位父亲的肩膀说道："先生，你掉钱了。"这位父亲回过头，明白了一切，他感动得热泪盈眶，紧紧地握住这位先生的手说："谢谢，这对我和家庭非常重要。"

在这个故事中，最令人感动的不仅仅是这位男士的善良，还有他的智慧和风度。这个男士用曲折委婉的方式在这位父亲最心碎、困窘的时候帮了他的大忙，不仅圆了别人的梦，还维护了别人的尊严。只有帮助别人，献出爱心，并且让别人的自尊不受到伤害，这才是爱心的最高境界，这种财富是别人抢都抢不到的。

孟子说："敬人者，人恒敬之；爱人者，人恒爱之。"如果我们想得到更多的爱，就要先学会去爱人，这样我们就会得到很多的爱和关注。渐渐地，你就会发现，主动去爱别人，我们人生的每一次经历就会是最宝贵的财富。

爱如阳光般照耀大地，它给万物一股生长的力量，让其欣欣向荣。爱是可以传播的，如果你播种爱的种子，给予别人力所能给予的帮助，那么你必然会得到意想不到的回报。如果每个人都能播种爱、传播爱，一个小小的善举就能改变世界。

我们要相信这个世界上有爱，我们要加入传播爱的队伍里，只有这样，你就会慢慢地发现，爱拥有传染的魔力，它可以进入任何人的心灵。即使是那些所谓的坏人，他们的灵魂深处也还保留着一块温软的园地，可以感受爱，可以被感动。

谁不愿意生活在美好的世界里呢？因为大家的心中有爱，爱心才会让这个世界充满了温馨和感动。

第 十 一 章

感　恩：

让感恩成为习惯，生命就一定会如花绽放

>>>>

　　"生即幸运,活即机遇。"只要心不被世俗尘封,不在追逐功名的时候迷失原来的方向,生活的阳光就会穿透重重雾霭照在你微笑的脸上。

学会感恩，你就是世界上最富有的人

从某个角度来讲，温暖来自于平淡，真诚来自于失意，成长来自于失败的累积……也许，生活就是个摸爬滚打的过程。无论我们曾经经受过多少的坎坷和伤痛，今天我们仍然要感谢生活，感谢我们今天依然坚强地站在人生的舞台上。当我们用最真挚的双手把这些东西拥抱在怀的时候，你就会发现：其实自己是世界上最富有的人。

只要我们拥有感恩之心，便会时刻想着报恩。不管是良知的思考还是善意的态度，都是一种感恩的心理，有一颗感恩的心才会有一颗施恩的心。施恩是一种快乐的付出，是一种宽广的胸怀，是一种无私的奉献，因此感恩者也要回以真诚的回报。这样的感恩和施恩使得人与人之间被关爱所填满，充满了真善美。同时施恩者要不图回报，受恩者要时刻铭记滴水之恩当涌泉相报。只要人人都肯为他人、为社会献出一份恩情，那世界将变得更加美好和谐。

有一个贫穷的家庭，经常是吃了上顿没有下顿。在感恩节那天，他们连饭都吃不上，他们不知道在这样一个感恩节他们还可以感激什么。然而，奇迹此时出现了，在他们不知道要在感恩节感谢什么的时候，有人敲门了，这个小男孩跑去开门。只见门外站着一个身材魁梧的人，满脸笑容。这个孩子很快就发现了他手中的篮子，里面装满了各种节日必备的食物：一只火鸡、塞在里面的配料、厚饼、甜薯及各式罐头，还有一瓶美酒！

全家人愣住了，不知说什么好。这时候来人说道："这份东西是一位知道你们家有此需要的人要我送来的，他希望你们知道还有人在关怀着你们。"然后，带着微笑说了一句："感恩节快乐！"就把篮子交到小男孩的手里转身离去了。

那一刻起，小男孩的内心发生了极大变化，一篮子的礼物就像是一粒爱的种子，在他心里发芽。男孩长大后，在每年的感恩节那天，他都会把礼物送到几户特别需要帮助的人家。

当他到达第一家的时候，敲开那破落的房门时，一位妇女带着不解和提防的眼神望着他。她还有四个孩子，数天前丈夫抛下了他们不告而别。

这位年轻人开口说道："我是来送货的，女士。"接着他转过身子，拿出了装满食物的口袋，里面有火鸡、配料、厚饼、甜薯及各式的罐头、饼干、奶粉等。看到这些，女人愣在那里，而孩子们则爆发出高兴的欢呼声。

忽然这位妇女用生硬的英语激动地喊着："你一定是天使！你一定是上帝派来的！"

这位年轻人不好意思地说道："不是，我只是个送货的，是一位朋友知道你们需要帮助，让我送来这些东西的。"离开前，他把一张字条和礼物一起交给了那位妇女。那张纸条上写着：愿你们一家能过个快乐的感恩节，今后你们若是有能力，也希望像这样把礼物转送给其他有需要帮助的人。

也许有人认为，施恩是富人的权利，而感恩是九死一生后的回报。其实不然，不管是巨额的捐赠还是生死一线的救援，都只是恩情中的冰山一角。但是，一个懂得感恩的人，他必定是一个具有高尚品德的人，也是一个具有丰富人格魅力的人。

　　我们要有一颗感恩的心，给他人更多的关心和爱护，帮助那些落难或是处于绝境的人，并且不贪图回报；我们要有一颗感恩的心，真诚地祝福那些曾经帮助过我们的每一个人，是他们让我们拥有现在的美好生活；我们要有一颗感恩的心，对周围的人和事物都多一分鼓励，少一分挑剔，让生活更加和谐美好。

　　在这个社会上，究竟什么才值得我们去珍惜？是名誉、金钱，还是地位？都不是！最值得我们珍惜的是一颗感恩的心。从我们呱呱坠地起，父母便给了我们无微不至的关爱；当我们遇到困难时，是朋友不惜一切地为你遮风挡雨；在我们不停地忙碌时，是爱人为我们送上了一杯温热的牛奶；当我们遭遇危难时，是行人路见不平拔刀相助。所以，只要心怀感恩，就能消释我们的浮躁情绪；只要心怀感恩，我们自筑的围墙就会坍塌。因此，我们要学会感恩，感恩那些值得我们感恩的一切。不懂得感恩的人，就会少了对生活的热情；不懂得感恩的人，就会少了对社会的责任；不懂得感恩的人，就会错过生命中最美丽的风景。

感恩于生活，幸运伴左右

有了阳光，才会有温暖；有了水源，才会有生命；有了父母，才会了我们；有了爱情、友情和亲情，才会有幸福。这些简单的道理，我们每个人都懂，但在生活中我们往往只会随心所欲地享受这一切，而忘记了要感恩这一切。

在一间特殊的教室里，有一个学生快乐地说道："我很快乐，我能够听到世界上最美妙的声音。"另一个学生用手比划着说道："我非常地高兴，因为我可以看到真诚的笑脸。"最后一个同学说："能活在这个世界上，有那么多的好朋友，是我的荣幸！"

不要疑问，这是一所特殊的学校，说话的人一个是盲人，一个是聋哑人，另外一个则是失去双腿的。他们正在举办"幸运的生活"主题班会。他们每个人的脸上都洋溢着幸福的笑容。在这群孩子的心中，生活总是美好的，因为他们认为，活着就是幸福。他们认为，能在这片天空下欢笑是多么的幸运。而对于很多整日为了生活而奔波劳碌的我们，为什么总是嗟叹生命的不幸，是孩子们的想法太天真，还是我们的心早已偏离了正确的轨道？

有一个年轻的小伙子在一次事故中失去了一条腿。有一天他听说某地有一处灵泉，这个灵泉非常神奇，它可以治愈许多疾病。于是，这个年轻的小伙子也加入了朝圣的队伍。很多人看到他的时候，都在笑问他："你想让神泉再帮你长出一条腿来吗？"这个年轻人坚决地回答说："不，我只想让神泉告诉我，在失去了一条腿后，我该怎样继续去生活！"

其实，我们不难理解，在这个年轻人的眼中，活着就是一种幸运。当感觉到活着就是一种幸运的时候，我们就会对生活产生感恩的心，就会对生活充满谢意，也就会更好地去生活。有一句话说："生即幸运，活即机遇。"所以，只要我们的心不被世俗尘封，不在追名逐利的时候迷失了原来的方向，生活的阳光就会穿透重重雾霭照在你微笑的脸上。

有这样一个真实的故事：

弗莱明是一个穷苦的农夫。有一天，他无意中救起了一个不小心掉进粪池的小男孩。第二天，有一位绅士乘马车来到了弗莱明的家里，并且告诉弗莱明，他就是那个被救孩子的父亲。

绅士谦和地说："非常感谢你救了我孩子的命，我要报答你，我想把你的儿子带出去，让他接受良好的教育，以后成为有用之才。"这个农夫欣然答应了，几年过后，这位农夫的儿子从圣玛利亚医学院毕业了，他就是举世闻名的亚历山大·弗莱明爵士，也就是我们熟悉的盘尼西林的发明者，他还因此获得了诺贝尔奖。

几年之后，那位绅士的儿子得了肺炎，是亚历山大用盘尼西林救了他的命。那位绅士就是上议院的议员丘吉尔，而他的儿子则是英国著名政治家丘吉尔爵士。

假设没有感恩，就不会有亚历山大爵士，也不会有盘尼西林，现在还有多少人仍活在痛苦中。

在我们身边，每天都有感恩的故事发生，只要我们用心去体会，你肯定就会发现，时时都会有终生难忘的温馨，天天都有感恩之心。这个世界是多么幸福、温暖，让我们都做一个学会感恩的人吧！

感谢在困难的时候帮助过自己的人

感恩是一个人善良的表现，它是人与生俱来的本性，并且也是现代人健康性格的表现。如果一个连感恩都不会的人，他一定有着一颗冷酷绝情的心，这样的人是绝对不会为社会做出贡献的。

有两个人同时去拜师学艺，在途中，他们询问一位老者去学艺的路途，老者见两人饥肠辘辘，就给了他们每人一份食物。一人接过食物后，很是感激，连说了几声谢谢；另一人在接过食物后却无动于衷，仿佛这是理所当然的。后来，他们才知道，这个老者就是他们要找的人，这个老者让说谢谢的人上了山门拜了师，而另一个则被拒之门外。这个被拒之门外的人非常不服："我不就是忘了说句'谢谢'吗？"老者笑着回道："你不是忘了，没有感恩的心，肯定就说不出谢谢的话，一个不知感恩的人，肯定不知道爱别人并且也得不到别人的爱。"

所谓的感恩，是一种对别人的恩惠表示的感激之情，是一种铭记恩情的情感。我们要学会感恩，就是要把不计回报的付出铭记于心，就是要让自己的心灵时刻记住要报恩。我们唯有用纯真的心灵去感动、去铭记，才能真正对得起那些给你恩惠的人！

他人对我们的帮助是需要我们用一生来铭记的。当我们陷入困境的时候，当我们对生活丧失信心的时候，有人帮助了我们，让我们对生活有了新的希望；当我们郁郁不得志的时候，有人给予了我们一个机会，使我们扶摇直上；当我们努力让自己的人生更上一层楼，却无能为力的时候，有人拉了我们一把，让我们实现了飞跃……无论是什么样的帮助，无论是出自什么样的意图，都对我们的人生产生了积极向上的影响。这样莫大的恩惠，我们难道不应该铭记于心吗？而我们不仅要铭记于心，还要在他人有困难的时候伸出援助之手来报答，我们要让帮助我们的人真正地感受到"好人有好报"。只有这样，这个世界才是温暖的，我们每个人才都能生活得很快乐。

曾经在一篇杂志上看到了这样一个故事。

一个美国人为了给自己的妻子治病而跑遍了世界，最终无法医好妻子的时候，这位美国人想到了中国的中医，他抱着最后一线希望来到了中国。由于这位美国人在到处寻医问药给妻子看病的时候，已经把绝大部分的钱都花光了，使得他没有能力再去请一位翻译。语言不通的问题让他甚感头疼。幸运的是，一个来自宁夏的贫困生接受了这份待遇极低的工作。这个贫困生在帮老外看病的过程中，除了要帮忙翻译以外还要帮着去挂号拿药，就像一个勤杂工。但是不久后，这个贫困生有一个为大公司做翻译挣更多钱的机会。美国人没有办法，只好请求贫困生帮助他再找一个翻译，哪怕只会最简单的交谈。这位小伙子想了半天最终还是决定留下来帮助老外，老外感动得强忍住眼里的泪花，什么也没有说。

一段时间后他带着妻子回国了。第二年，他给这个贫困生写信，说妻子已经去世了。一晃三年过去了，这个小伙子也该毕业了，在他为工作之事发愁的时候，收到了来自美国的一封信，是那个老外的，信的大意是说，他为小伙子的善良与为人所打动，让他在这三年来念念不忘，他在他太太去世后又重新打理了公司，现在想要到中国来发展，但是需要一名代理人，问小伙子愿不愿意，并且给出的报酬是每月八万美金。

生活中不会有平白无故的因果报复，也不会有无缘无故的好运。你无怨无悔地付出，可能会马上得到回报或是隔一段时间才会得到回报，也可能是根本就得不到回报，但这些都无所谓了，因为你在做这件事情的时候根本就没有想过要得到别人的回报，所以你还是以平常心继续生活，并继续做着与人为善的事情。可是你还是要记住，在你前行的路上，你投入的滴水，也许已经变成了涌泉在等你！

总结上面所说的，我们可以得出以下几点启示：

1. 要懂得说谢谢

你如果懂得如何表达感恩，那么你将享有丰富、温暖的人际关系。因为每个人都喜欢听感谢的声音，并且感谢的语句是最好的结缘良方。你如果对朋友说声"谢谢"，对帮助你的人说声"谢谢"，你不但能增添友情，还能让彼此之间的情谊更加地坚固。

2. 对别人的帮助要心存感激

在别人帮助自己的时候，要让自己的心灵时时感受到温暖和鼓励，并且在自己的能力范围内去帮助别人，这样爱心就像接力棒一样传递下去，全世界就会被温暖、爱心和欢声笑语所充盈。

只有懂得感恩的人才能体会到人间的真情所在，只有怀有感恩之心的人才能品尝到人生最甜美的果实。

挫折与苦难是无法估量的财富

没有人希望自己的人生总是充满挫折和苦难，但是伤痛总会如影随形。因此，我们渴望生活的圆满。但是，人生不如意之事十之八九，人生的航线不止有光明和彩虹，还有漆黑和暗礁。暴风雨总是会顷刻而至，乌云总会笼罩蓝天白云，一切平静和美好的航程总会被轻易破坏，因而我们就会有无尽的悲伤与沉默，会失去曾经的激情，失去辩论的资本。

也许有人会坦然地说，那就用挫折祭奠过去的风光吧。然而，在现实面前，有谁可以做到这么洒脱？当鲜花不再，愁云袭来时，我们感受到的是那些以前不曾体味但又必须体验的酸楚和失落。如果一味地抱怨，我们就会陷入深深的愁思。如果你属于理性的智者，你应该用内心的那份坚韧来接受挫折的洗礼。因为挫折会帮助我们成长，伤痛会使我们变得更加成熟，我们应该感谢挫折与苦难带给我们的一切。

只有当我们经历了挫折和苦难之后，才会真正地明白曾经拥有的平凡是多么幸福，只有当我们经历了挫折和苦难，我们才能更加体会和倍感珍惜现在的美好。

记得有一位哲人说过："如果你受苦了，感谢生活，那是它给你的一份感觉；如果你受苦了，感谢上帝，说明你还活着。"当我们的生活经历越丰富，所遭遇的挫折与苦难就越多，我们所收获的财富也会变得更多，难道我们不该感谢这些挫折与伤痛吗？

俄国化学家布特列洛夫在很小的时候就对化学情有独钟，

经常一个人躲在宿舍里偷偷地做实验。12岁那年，布特列洛夫在做实验的时候不小心引起了爆炸，被关进了禁闭室，学监把一块写有"伟大的化学家"的牌子挂在布特列洛夫的胸前，并以此来挖苦他。

但是布特列洛夫并没有被这些折磨和讽刺所打败。反而更加留心实验的安全性和理论知识的学习。每当布特列洛夫想要偷懒，想要放弃的时候，他都会提醒自己"还记得那次嘲笑吗？如果科学的功底不扎实，那些嘲笑和打击会再次折磨自己"。

终于，他在33岁那年，提出了有机化合物结构上的创见，成为一名成功的化学家。他常常对别人说："我们要感谢所受到的困难和打击，正是因为这些，才让我在成功的道路上有着无穷的力量。"

是啊，感恩，司空见惯的一个词，但能领会真意而去做的人并不多。我们或许无法改变生活的现实，却可以用另外一种心态来面对它。对于很多人来说，在顺境时都会毫不吝啬地谈到感恩，一旦挫折降临，大部分人的心里却只剩下抱怨和愤恨，感恩的心早就被抛到九霄云外了。其实，挫折和苦难更能锤炼我们的意志，更能促使我们成长。

你如果有足够的信心去面对这些困难，接受这些磨难，那么当困难积累到一定的高度时，它自然就能转化为通往成功的阶梯。因此，我们要心怀感激那些成功道路上的绊脚石，那些曾经刁难过我们的人，正是他们使我们一次又一次地走向了成功。

有一个男孩，由于整天吊儿郎当，结果被挡在了大学的门外。后来，他参军退伍之后，到一家印刷厂当送货员。

有一次，这个人到某一所大学的科研室送书，在乘坐电梯的时候，遇到了困难，普通的电梯正在维修。这个人准备从贵宾电梯上去，可是被一个保安挡住了："这里是给教授、老师准备的电梯，大学生请走楼梯！"这个男孩一听，回答说："我不是大学生，我是来送书的。"

保安轻蔑地瞟了一眼他脏兮兮的制服，说道："更不行，你那衣服会把贵宾电梯弄脏的。"男孩顿时火冒三丈："我要送一整车书去9楼，这么多，不到一半我就累死了！"可是保安无动于衷，还说道："那是你的事情，管电梯是我的事情，你连个大学生都不是，我为什么让你乘坐？"最后男孩一气之下把一整车的书都堆到了大厅里，头也不回地走了。

后来，老板谅解了他的行为，可是他再也不肯待下去了。辞职后，买了大量的高中教材和参考书。他发誓，一定要考上大学，考上研究生，到受侮辱的那所大学里去当老师，每天乘坐保安面前的那部电梯。

10年后，已经不再是男孩的他终于实现了自己的愿望，但是想要奚落那个保安的心却再也没有了，反而很感激他，如果没有他当年的刁难和歧视，自己怎么会有今天的成就呢？

是啊，生命中的每次挫折与伤痛，其实都是有深意的。只要你处理得当，你早晚都会明白，这些是最好的礼物，是成就我们人生辉煌的重要因素。

人的一生不可能永远一帆风顺，当我们遭遇到失败与挫折的时候，应该用一种乐观豁达的心态去面对。只有常怀感恩之心，用宽广的心怀去面对这个世界，才能够将内心所有的积怨消除，将尘世间的一切尘埃涤荡。就让我们把挫折与苦难当成人生的养料吧！因为它们都是人生无法估量的财富。

眼前的风景是最美的，已经拥有的是最好的

　　花开花落，春去冬来，慢慢流逝的时间，带走的是一颗幼稚的心，带不走的是那淳朴的情。我们喜欢追忆，喜欢徘徊，喜欢寻找……可是，为什么很多人都只知道沉溺于过去的回忆中，或者总是幻想着未知的未来，却对现在拥有的东西视若无睹呢？难道只有在失去以后才懂得珍惜吗？

　　我们不可能像希腊神话中的双面神一样，既可以回到过去，又能够预知未来，所以绝不要忽视了现在。因为我们知道，现在才是人生中最重要的组成部分，过去已化为云烟，而未来更无从知晓，只有现在握在我们手中，最真实、最紧要。

　　为了不给人生留下过多的遗憾，就一定要懂得珍惜。当你觉得某种东西已经渐渐远去的时候，你再去挽留，也许已经于事无补了。人总是这样，无数次告诫自己要懂得珍惜，却又无数次失去。人生只有一条路，不要幻想在死胡同里还会有出口。所以，我们一定要懂得珍惜现在拥有的一切，好好地把握现在的时光，珍惜眼前的风景，学着去聆听、发现生活之美与生命之美，过好每一天，收获一份份真实的精彩。

　　在很久以前，有一座圆音寺，寺里每天香客爆满。有一天，佛祖光临了这座圆音寺，看见这里香火旺盛，十分高兴。在离开的时候，佛祖不经意间看到横梁上的一只蜘蛛。就问："你我相见就是一种缘分，我问你个问题，看你悟出了什么？"蜘蛛高兴地答应了。于是佛主问道："世界上什么才是最珍贵的？"蜘

蛛想了一会儿，回答道："我认为世间最珍贵的是'得不到'的和'已失去'的。"佛主听了它的话点了点头，就离开了。

两千年之后，有一天，突然刮起了一阵大风，风将一滴甘露吹到了蜘蛛的网上。蜘蛛看着甘露，见它晶莹透亮，顿生喜爱之意。这几天，蜘蛛每天都看着甘露，觉得非常开心。它觉得这是它三千年来最开心的几天。可是，没过多久，又刮起了一阵大风，将那颗甘露吹走了。蜘蛛觉得一下子失去了什么，感到很寂寞也很难过。这时佛主又来了，问道："你现在可否回答这个问题？"蜘蛛想到了甘露，对佛主说："世间最珍贵的还是'得不到'的和'已失去'的。"佛主淡然地说："好吧，既然你有这样的认识，我就让你到人间走一趟吧。"

就这样，蜘蛛投生到一个官宦之家，成了一个富家小姐，取名叫珠儿。珠儿十六岁的时候，新科状元郎甘鹿高中进士，皇帝决定在后花园给他庆功。皇帝邀请了许多的妙龄少女，包括珠儿，还有皇帝的小公主长风公主。状元郎在席间表演诗词歌赋，让在场的少女无一不为他倾服。但是珠儿一点也不吃醋，因为她认为，这是佛主赐予她的姻缘。

几天后，皇帝下召，命甘鹿和长风公主完婚；珠儿和太子芝草完婚。这一消息对珠儿来说如同晴空霹雳，她不明白，佛主为什么这样对她。几日来，她不吃不喝，灵魂即将出壳，生命危在旦夕。太子芝草知道了，急忙赶来，扑倒在珠儿的床边，对奄奄一息的珠儿说道："那日，在后花园众姑娘中，我对你一见钟情，我苦求父皇，他才答应。如果你死了，那么我也不活了。"

就在这时，佛主来了，他说："蜘蛛，你可曾想过，是谁把甘露（甘鹿）带到你这里来的呢？是风（长风公主），最后也是风将它带走的。所以甘鹿是属于长风公主的，他不过是你生命中的一段插曲。而太子芝草是当年圆音寺门前的一棵小草，他看了你三千年，爱慕了你三千年，但你却从没有低下头看过它。蜘蛛，我再来问你，世间什么才是最珍贵的？"蜘蛛听了这些真相之后，好像一下大彻大悟了，她对佛主说："世间最珍贵的其实不是'得不到'和'已失去'，而是现在能把握的幸福。"

上面的故事让人感触颇多，它告诉我们一个很简单的道理，在这个世界上，最珍贵的东西并不是已经失去的，或者得不到的，而是此刻能够把握的幸福。是啊，只有珍惜眼前所拥有的才是最明智的。

一位哲人说："如果你已经滑到了绳子的尽头，就应该给它打个结，继续抓紧。"把握好眼前的幸福，好好享受此刻的阳光，着手去做眼前的事情，争取每一点的进步。唯有今天，不像昨天是一种回忆，也不像明天是一种希冀，今天是最真实的存在。

生命稍纵即逝，如果我们因为失去了太阳而发出叹息，那么我们连最后一片星光也将失去；如果我们因为失去了金钱而感到痛惜，那么我们连最后的一丝亲情也无法挽留。因此，我们应该将希望放在眼前，而不是为了那些已经失去的东西沉迷留恋。前方的路还很漫长，还有更多的风景等待着我们去发现。所以说，让我们好好地珍惜眼前，珍惜现在所拥有的一切。

也许你会说，我的一生平平淡淡，要房没房，要车没车，每天还要为了生计而奔波劳碌，有什么好值得珍惜的。其实是你想得太偏激了，没有一个人生活在理想的王国中，只有现实中的平淡生活才是真；我们只有拥有一颗平常之心，才能享有天伦之乐；我们也就只有珍惜现在的一切，才不会等到失去了才觉得宝贵。

活着，就是一种莫大的幸福

生活在这个变幻莫测的世界上，人们随时可能邂逅不幸与死亡。在这世间，再也没有比生命更可贵的东西了。既然我们依然拥有生命，我们何不用歌声和欢笑去妆点、打扮它呢？

每个人都拥有与众不同的人生道路，有的人生活环境不好，有的人亲情缺失，有的人遭遇坎坷曲折……假如人生注定会经历各种磨难与困厄，那么这是不是说，我们的人生就完全没有乐趣可言，我们的生命就毫无价值呢？当然不是这样的。尽管我们在积极追求生活，但前方的路上不得不面对重重的考验与挫折，可是我们同时也能享受到大自然的阳光雨露、鸟语花香，还能够体味到人间真情，领略人与之间的爱与温暖。

人生其实就是一场旅行，在这场旅行中，我们所要花费的旅费就是辛劳和苦难。每当我们跋山涉水、走狭路、过险桥的时候，就是历经痛苦和磨难的时候；而当我们到达了风光明媚的处所，卸下行装，洗去风尘，欣赏留连的时候，就是我们在旅途中享受快乐的时候。

曾有一个人，总认为活着没有丝毫意思，他对周围所有的一切都感到厌恶。为了解脱，他参加了一项挑战极限的活动，想给自己的生活找点刺激。这项挑战的规则是：一个人待在漆黑的山洞里，不提供火，也不提供粮食。每天只供应 5 升的矿泉水，并且，这项活动一旦参加就不可以退出，挑战的时间为 5 天。

活动开始了，他满怀激情地走进山洞，他觉得终于可以领略到不一样的生活了。第一天过去了，他感到很刺激。

第二天的时候，他开始感觉到了饥饿和孤独，由于周围一片漆黑，听不到任何声响，他开始恐惧起来。这个时候的他开始向往起平日里的无忧无虑的生活。他想起了自己的母亲，为了只是看一看孙子有没有长高，不辞劳苦地从千里之外赶来；他想起了自己的妻子，每天对自己嘘寒问暖；他想起了宝贝儿子，懂事地为自己端来的第一杯水；他甚至还想起了给自己买过工作餐的同事，自己居然还与他发生了争执……他开始后悔起平日里懒懒散散，敷衍了事，冷漠虚伪，无所作为的生活态度。

到了第三天，这个人几乎饿昏过去了，可是他一想到山洞外面生活的种种美好，咬牙坚持了下来。第四天、第五天，他仍然在饥饿、孤独和极大的恐惧中反思着过去，向往着原本并不在意的幸福生活。

他开始责怪自己居然会忘记了母亲的生日，妻子在分娩之时没有尽到照料的义务；后悔听信流言与好友分道扬镳。这个时候，他才明白，原来自己需要弥补的事情真的是太多太多了。可是，他不知道自己能不能挺过最后一关。此时，泪流满面的他发现：洞门开了。

阳光照射进来，白云就在眼前，淡淡的花香，悦耳的鸟鸣——他又迎来了一个美好的人间。他扶着石壁蹒跚着走出山洞，脸上浮现出了一丝难得的笑容。5 天来，他一直用心在说一句话，那就是：活着，就是幸福。

活着就是幸福，恐怕也只有那些劫后余生的人才能说出这样超脱的话来。

很多东西只有在缺少的时候才会意识到它的重要性，就像被扼住喉咙的人才知道空气的可贵一样。只有当我们处于不幸的时候，才会意识到，原来能够安安稳稳地生活，有双手可以劳动，有双脚可以行走，有大脑可以思考，有亲朋好友陪在我们身边，才是人生中最大的幸福所在。

现在的我们生活在一个平安而又平凡的年代，平安是由于我们远离了战火的恐惧、远离了颠沛流离的折磨；而平凡是因为我们很多人都已经没有了为理想而奋斗的劲头，只是为生计而奔波，觉得自己被生活操控了，觉得自己的生活索然无味，毫无幸福可言。但是，幸福不是只有在实现愿望时才会出现。我们应该值得庆幸，因为我们平淡的生活，恰恰是幸福最集中的地方。幸福不代表富足的物质和安逸的生活方式，真的幸福是在人的心里，一个有良好心态的人，即使生活得再艰苦，一样能够感受到幸福的气息。

其实，人间的苦乐，都该把它看作理所当然。当逆境来临时，不够坚强的人就难免会提早承认自己的失败；但如果我们足够坚强，就该明白，我们就是为这次历险而来。

作为万物之灵，你就已经站在了幸福的屋顶上。所以，在这里，我想对那些喜欢埋怨和自寻烦恼的人说一句：活着就是幸福。你可以在埋怨之前或是烦恼的时候，摸着自己的心跳默默地说三遍：活着就是幸福！相信你会重新获得心灵之光的照耀，回到你在少年时就描绘出的理想之路上。

第 十 二 章

成　功：
生命从没有像处于患难时那么伟大，那么丰满

>>>>

　　信念是成功的基石，坚强是力量的源泉，改变是理想的引擎。唤起你的勇气，走出困境，走向阳光，让生命绽放新的希望，新的活力。

人可以失去一切，但必须拥有信念

信念的力量是无法想象的，它可以让人们克服任何的艰难险阻，可以让人保持乐观向上、朝气蓬勃的精神。一个人什么都可以没有，但是信念一定要有。每一位成功的人，他始终都充满了信念，充满了积极向上的精神。因为信念是引导和鼓舞他们朝着指定目标前进的指明灯。

从古至今，很多杰出的人都是因为具有顽强的信念，才会在困厄的境地中有了惊人之举，才会功成名就。美国历史上第一位黑人州长罗尔斯曾经说过："在这个世界上，任何人都可以免费获得信念，而所有的成功者之所以成功，是因为他们在最开始的时候就拥有一个信念。"

电影《哈里·波特》，让很多年轻人为之疯狂，它的作者兼编剧——罗琳也因此成了英国最富有的女人。但是有谁曾想到过，这个比女王还富有的女人也有过一段穷困落魄的历史，落魄之后所取得成功，就在于她一直坚持着自己的信念。

罗琳小时候就非常喜欢文学，她热爱并且擅长于写作和讲故事，这个爱好一直到她长大后也没有放弃过。大学毕业后，罗琳只身前往葡萄牙发展，并且在当地和一位记者坠入了爱河，然后结婚生子。但是，命运对罗林来说是残酷的。婚后的罗林满足于自己当下的幸福生活，她为了这个家愿意放弃一切，可是，厄运也就在这个时候开始了。婚后，她的丈夫露出了原本丑陋的面目，经常无缘无故地殴打罗琳，最后还不顾罗林的哀求将她赶出了家门。

可怜的罗琳只有带着3个月大的女儿杰西卡回到了英国，并且在爱丁堡的一间没有暖气的小公寓里栖身。由于她身无分文，没有工作，再加上嗷嗷待哺的女儿，罗琳变得更加穷困潦倒。这个时候的她，只有靠少得可怜的救济金来过日子，谁都知道，救济金怎么可能喂饱两个人呢，所以经常是女儿吃饱了，罗琳自己还饿着肚子。

但是，罗琳并没有因为这一连串的打击，打消她写作的积极性，反而更加努力了，她曾经说过："也许只是为了完成多年的梦想，也许只是为了排遣心中的不快，更也许只是为了每晚能把自己编的故事讲给女儿听。"这一系列的也许，让她坚持到了最后，她不停地写，为了要节省那一点点的电费，她甚至可以待在咖啡馆里写上一天。

就这样，罗琳的第一本《哈利·波特》在女儿的哭声中诞生了，并且还创造了销量第一的奇迹，她的作品在全世界引起了轰动，系列小说被译成近七十多种语言，在两百多个国家累计销量达四亿五千万册。

为什么罗琳可以取得成功，就是因为她从来没有远离过自己的信念，即使她的生活无比艰难，她也坚信有一天必定会达到事业的顶峰。

泰戈尔说："信念，是一种精神搜索之光，它照亮了人们前进的道路，即使是凶险的环境，也能在阴影中潜行……"

震惊世界的四川汶川大地震，可能很多人到现在还心有余悸，然而很多人在地震中顽强地与死神进行抗争，创造了一个又一个感动全国人民的奇迹，很多人被埋一百多小时仍能生还，这的确是个奇迹。人的生命是脆弱的，但是在危难降临的时候，生命又是那么顽强！是什么托起生命之舟？

不要怀疑，那就是信念！面对着生与死的考验，"一定要活下来"的这个信念，支撑着他们咬紧牙关与天地斗争。

人的身体什么都可以缺，比如说失去一只眼睛，或者失去一条健全的腿，但就是不能失去信念。一个人想要从绝境中走出来，信念就是支撑他前进的精神力量。只有拥有坚定的信念，才有战胜苦难的可能。

每一个人的体内都藏着一种伟大的力量，人们一旦发现和利用这些力量，那么他的所有的梦想和憧憬都会变成现实。只要我们怀着一种信念勇敢起航，就算是再多的艰难困苦也阻挡不了我们前进的脚步，只要每天都坚持，日积月累才能到达成功的彼岸。因为信念在，希望就在。

每个人的一生绝对不可能一帆风顺，它一定会有坎坷起伏。无论你现在的生活是多么暗淡，哪怕是看不到一丝亮光，可是你心中的信念千万不能放弃，要把信念的种子耐心珍藏。相信总有一天，你就能走出困境，让生命重新开花结果。

总而言之，信念是我们成功的基石，是我们力量的源泉，是我们理想的引擎，是一个人精神与意志的体现。信念能唤起你的勇气，能鼓起生活的风帆。拥有信念，你的生活就会更加充实；拥有信念，你就会相信太阳每天都是新的。

成功是用一石一木的困难砌出来的

生活中总含有长长的失意和各种的伤痛，但是也含有隐隐的期待，正因为有失意，我们才能体味到生命的艰辛，也正因为有期待，我们才不会停下追求的脚步。生活会有暗礁、险滩，但是也会有阳光、鲜花涌现。

生命中总会有收获，有喜悦，有成功的欢笑，因而我们总是在马不停蹄地前进。其实，每个人都有一个自己的梦，也都期盼成功的到来，可是现实总是残酷的，它与理想总是有那么大的差距，让我们倍感失落。不要怕，只要我们每天都在进步，就已经离成功不远了，虽然暂时还无法看见成功，但是只要我们不放弃，终有一天，成功会随着每天的累积到来。

俗话说，"不积跬步，无以至千里；不积小流，无以成江海"，任何人的成功都需要一步一步走出来，也许在每一步的过程中，你会觉得相当困难，但是每一步的最后都在向成功靠近。虽然这一个小成功并不能改变什么，但无数个小成功加起来就足以让我们成为巨人。

1983 年，伯森·汉姆徒手攀登上了纽约的帝国大厦，创造了一个新的吉尼斯纪录，同时也赢得了"蜘蛛人"的称号。听到这一消息，美国恐高症康复协会打算聘请柏森·汉姆到他们那里去做康复协会的心理顾问。伯森·汉姆在接到聘书的时候，就打电话给协会主席，让他查查协会里的第 1042 号会员情况。协会主席这才知道，原来这位创造了吉尼斯纪录的人，本身就是一位恐高症患者。他对此大为惊讶，于是决定亲自去拜访他。

　　协会主席到了汉姆住所的时候，发现十几名记者正在围着一位老太太拍照采访。打听之后才知道，原来这是汉姆94岁的曾祖母。汉姆的曾祖母听说了汉姆创造了吉尼斯纪录，特意从格拉斯堡徒步走来，要知道，格拉斯堡离汉姆的住所可是有100多公里的路程。曾祖母想以这一行动，为汉姆的纪录增光添彩。这种想法很可能让很多身强体壮的年轻人都望而却步，但是这个看似异想天开的想法，在无意间竟然让一个百岁老人创造了徒步一百公里的世界纪录。

　　一位记者问道："当您打算徒步而来的时候，你是否因年龄关系而动摇过？"老太太笑着说："如果我打算一口气跑完一百公里的话，肯定是需要勇气的，但是如果是走的话，就不需要太大的勇气。只要走一步，再走一步，一步接一步地走，一百公里很快就会走完的。"恐高症康复协会主席紧接着问伯森·汉姆："那你的诀窍是什么？"汉姆回答说："其实我和曾祖母的想法是一样的，虽然我有恐高症，我害怕400米高的大厦，但我并不恐惧每一步的高度。我要战胜的只是无数个'一步'的困难而已。"

　　正所谓"万丈高楼平地起"，人生的"高楼"也是由一砖一瓦堆砌而成的，经过一分一秒的打磨才焕发出耀眼的光彩。所有的成功背后，都是由许多小困难和成功积累起来的。很多人都畏惧困难的过程，却期待成功的降临。在人生的路途上，只有经过苦难与挫折的洗礼，才能让自己变得更加辉煌。

　　一个人面对苦难与厄运并不可怕，可怕的是被苦难与厄运打击，在灰暗的失败中无法自拔。古今中外大凡有成就之人，都能够将苦难与厄运打倒，树立人生的标杆。一个人只有在与苦难不屈不挠的斗争中才会让自己变得坚强而又伟大。没有敌人就没有勇士，没有困难就不会有成功。

只把一件事情做好了，那也是成功

在奋斗的路上，我们经常会陷入迷茫，也会为自己的不成功而抓狂，一路走来少不了磕磕绊绊，极少数的人选择了消沉，而大多数人还在努力地拼争着，虽跌得浑身是伤，但还有勇气坚持在梦想的路上。

这个世界上，每个人都可以有很多追求，可是你必须保证有一样是最出色的，必须在某一方面做得最好，哪怕只是一些毫不起眼、微不足道的事情，否则人生的道路将会出现缺憾。

如果你一生能够做好很多事情，那你肯定是成功的。就比如：爱迪生一生中有两千多项发明，而居里夫人取得了两项诺贝尔奖。同时拥有这么多的成功，不是每一个人都能够做到的。世界上有大多数成功的人都没有能力做好很多事情，而是一生做好一件事情。黄永玉选择了画画，加上他不懈地努力，最后成了一位著名的画家；国际数学大师陈省身选择了数学，并且用心去做，最终成为了一位国际大师。他们在一生中，只成功地做了这一件事，但也是最成功的。所以说，我们没有必要把成功想得那么神圣、那么遥远，只要你做好了一件事情，你就是成功者。

有一位衣着朴素，沉默谦恭的女作家被邀请来参加笔会。一位匈牙利年轻的男作家坐到了她的身边。他们互不相识，男作家以为她只是一个不入流的作家。于是，就起了轻蔑之心，居高临下地说道："小姐，请问你是专业的作家吗？"这位女作家回答道："是的，先生。"男作家轻蔑地看了看她："那么，你有什么大作呢，能不能让我拜读一两部呢。"女作家谦虚地说道："我只是写写小说而已，谈不上什么大作。"这位男作家听到这里，就更加相信自己的判断。他说道："我也是写小说的，我们可是同行了，我到目前为止已经出版了339部小说了，你出版了几部？"

女作家非常平静地回答："我只写了一部。"男作家有些鄙夷地问道："你只写了一本小说啊。那是什么名字呢？""《飘》。"女作家平静地说。那位狂妄的男作家顿时就目瞪口呆了。

显然，这个女作家的名字叫玛格丽特·米切尔，她的一生只写了一本小说。喜欢看小说的人几乎都知道她的名字，但是那位自称出版339本小说的作家的名字，已经无从查考了。

记得韩寒说过一句话："既然社会上呼唤不到全才，那么只好把'全'下面的'王'给去掉，做个人才……"每个人肯定都希望自己样样精通，事事都能应付自如，这有谁能够真正做到呢？其实，我们每个人的能力和精力都是有限的，这就注定了我们不可能在多个领域取得成就，更有甚者，当我们在一个领域取得一定的成就时，在另外一些领域却表现得非常糟糕。但是不要气馁，这不影响我们成为一个成功的人。

有人曾经说过，决定一个人是否成功的关键因素，并不是工作的数量，而是工作的质量。有的人付出了大把大把的汗水，最后却仍然没有成功，其实并不是因为他们做得少，而是因为他们不假思索地选择了去接受别人的想法，别人给予的任务，这样使他们一边建筑，一边拆毁。这群人没有把握环境，创造机会，只是在尝试失败，却没有办法将它们转为成功。

莱特兄弟为了能让飞机离开地面，一辈子都没有结婚。他们时常幽默地说："我们没有时间既要照顾飞机，还要照顾妻子，我们一生中只能干好一件事。"他们心无旁骛，聚精会神，一辈子用心做好这一件事，是一种多么可贵的精神！

　　如果我们总是不断地制定出新的计划，但是每一个计划都没有很好地完成，那么那些计划就会像柳絮一样随风飘扬。而能够在一定的领域中独领风骚的人，必然是专心致志于一件事情的人。因为他们从不会把自己的精力浪费在不擅长的领域中。有一位物理学家仅仅用了 5 年多的时间，就将物理、数学双学士和物理学博士学位收入囊中，并且在 40 岁的时候就得到了诺贝尔物理学奖。他就是丁肇中先生。他成功的秘诀就是专注于一件事情，用他的话来说，就是"只关心与物理相关的事情"。

　　世界上的天才寥寥可数，我们要想成功，最好就不要花过多的时间和精力在无用的事情上。一旦选择好目标，就要终身为之奋斗，最终才能体现我们的价值。每个人都想成功，却不知如何去做，总是幻想。其实，只要踏实做好一件事就是成功。

　　聚精会神是一种技巧。如果你说你总不能集中精神在一件事情上，那么你就是在欺骗自己。因为只有先欺骗自己，才能心安理得地接受"我没有能力集中精神"这个观点，才能欺骗自己没有信心去尝试集中精力。

　　给自己创造专心致志地干好一件事的机会。专心致志就是自我控制，是一种心态，学会自我控制是对自我的一种提升，只要有了自我控制，做任何一件事都会如鱼得水。

　　一心一意把心思都集中在一件事情上。就像相机一样，只有找到焦点，才会把照片照好，三心二意只会捡了芝麻丢了西瓜。

有恒心，何惧艰困来袭

俗话说，"人要有恒心才会取得成功，坚持就是胜利"，这句话一直不断地在勉励人们要努力追求，不要被暂时的困难所吓倒；更不能被眼前的挫折与情势迷惑，忘记了自己的初衷，而失去了更上一层楼的信心和前行的雄心壮志。

高尔基说过："一个人如果想要做到他想要的一切，只要有坚韧不拔的毅力和持久不懈的努力就可以成功。"因为恒心是成功之母。有恒心，有坚持，是一个有所作为的人一生中必不可少的部分。只要有恒心，就会在自己的一生中取得辉煌的成绩，让他人望尘莫及。

水成海，可孕万物；木成林，可蔽天日。物贵在有恒，人更是如此。相信每个人都很想在事业或学业上有所作为、有所成就，但是最终为什么只有一少部分人取得了胜利，而相当一部分的人却陷入失败的苦痛之中，这就是因为这些成功的人都具有一颗不达目的不罢休的恒心，有失败者所没有的坚持。

人生好比一场马拉松，最后的胜利肯定是属于坚持到最后的那个人，持之以恒是我们在遇到困难时仍然继续努力的能力。而如果没有恒心，就算离成功再近，都只能算是失败。

曾经有一位游泳女选手，她发誓要成为世界上第一位横渡英吉利海峡的女子。为了这一天的到来，她每天都坚持艰苦的训练，不断地为这历史性的一刻做着准备。这一天真的来临了，她在众人的关注下，满怀信心地跳入了大海中。刚开始的时候，海上天气情况很好，这位女选手游得也非常快。但是在快要接近岸边的时候，海上突然起了浓雾，这让她失去了方向感。由于她看不见目标到底还有多远，她开始迷茫。没多久，她便失去了信心，越游越着急，也觉得越来越筋疲力尽，最后只得放弃。

当救生艇救起她的时候，这位女选手发现她其实离目标只有100米了。很多人都为她感到惋惜。后来，这位女选手面带遗憾地说道："不是我想为自己找借口，如果我知道我离目标只剩下100米的话，我肯定会坚持下来的。"

有谁知道，我们离成功到底还有多远呢？我们唯一可以做的，只有坚持、坚持、再坚持。很多成功者都有两个秘诀：一是坚持到底，永不放弃；二是当你想要放弃的时候，一定要回过头来看看第一个秘诀。

拿破仑说："胜利是属于永远坚持不懈的人。"通往成功的这条路，不会一直是平坦，也不会一直是泥泞，肯定会遇到大大小小的困难和挫折，而解决这些挫折的办法有很多，其中最重要的就是持之以恒。要相信，始终不渝地追求、努力、坚持，就能看见全新的希望。

阳光总在风雨后，人生路上的凄风苦雨何足畏惧，不管做什么事情，我们都要笑看人生，并且坚定不移地走下去。如果我们轻易言败，就永远没有成功的可能，一旦选择坚持，你一定可以赢得自己的精彩人生。

失败，扬起成功的风帆

"没有谁能随随便便成功"，凡成就越大的人在成功之前所经历过的失败肯定越多。当面对失败的时候，能够坚持下去，顽强地战胜失败，那么成功的大门肯定是为你打开的；如果你被失败吓倒，摔了跟头后就再也不敢爬起来，你就只能永运躺在失败的泥潭里，看着别人向前走去。

古今中外，有哪一个功成名就的人没有经历过无数次的失败？他们在失败的泥坑中爬起来，然后行色匆匆一如既往。对他们来说，一千次的失败，只能是第一千零一次地站起来。

没有失败，哪来的成功？关键是面对失败时的态度。当遭受挫折一蹶不振，甚至感到悲观绝望的时候，一定要告诉自己，失败乃成功之母，一次两次的失败算不了什么，人生的道路还很长呢！

俞敏洪是新东方学校的创始人，他就是一个经历了无数次失败之后才成功的人。在他的人生中有两次重大的失败差点让他一蹶不振：第一次是在高考的时候，高中时学习成绩并不差的他却让英语拖了后腿。第一次高考英语只得了33分，第二次也只得了55分，连续名落孙山并没有让他气馁，反而让他更有动力，终于在第三次的高考中，他拿到了北大的录取通知书。而第二次失败是留学。在那个年代，中国开始出现了留学的热潮，眼看着周围的同学朋友都纷纷出国了，俞老师也心动了，但是，就在他为出国积极准备的时候，美国突然宣布了一项紧缩对中

国留学生准入的政策，这让他的留学梦破产了。但是这次失败
也没有把他击倒，反而却成就了他的一片天地。他在回顾自己
准备留学时那种恶补英语的情景后忽然想到，自己为什么不可
以开一家培训机构，为那些想要留学但是英语过不了关的人提
供帮助呢？

于是，新东方就这样诞生了，俞敏洪也凭借着新东方的"东
风"，成就了自己的一番事业。

人生旅途各不相同，但有一点是肯定的，就是你的面前永远有数不尽
的失败和挫折。如果你有非常足够勇气去战胜它们，成功迟早就会出现在
你的面前。或许，在过去的日子里，你总是尝到无尽的失败，你的人生充
满了失败。或许，在别人的眼里，你就是一个永远不可能成功的失败者。
但是你不要忘了，上帝是公平的，当他给你关上一道门的时候，肯定会为
你打开一扇窗。

有一个人，父母是做珠宝生意的，并且生意做得非常红火，
他长大后顺理成章地继承父业，挑起了珠宝生意的担子。但是
这个人对于珠宝行业的一些商机缺乏悟性，没几年的工夫，父
亲的基业被他亏得一败涂地。遭受了这么大的打击之后，他觉
得并不是因为缺乏才能导致的，而是因为这个行业的风险太大。
于是他决定换个风险比较小的行业，开了个服装店。

可是没几年，他的生意越做越差，到最后已经没有资金去
进新款的衣服。他的店里面那些落伍的款式再也无人问津了，
他又失败了。他认为自己不适合做这种更新速度太快的行业，
于是变卖了服装店开了一家餐馆，认为这次应该不会赔了吧，
可是事与愿违，别人的餐馆总是生意很火爆，而他的却没有人

光顾，最后就连他聘请的员工也到别人家去了。之后他又尝试做了很多生意，但是无一例外都失败了。这个时候他已经50多岁了，20多年过去了，他除了失败还是失败。他绝望了，他认为自己没有一点经商能力。他盘算了家底，把最后一点钱给自己买了块墓地，希望自己死后还能有一个归宿地。这片土地及其荒僻，离城市有5公里远，在别人看来，就算是穷人也不会买这块地。但是奇迹居然发生了，就在他办完手续不久，这座城市推出了一项环城高速公路的计划，这个人买下的这块土地刚好在规划之内。一夜之间暴涨了好几倍，他幡然醒悟，为什么自己不趁这个机会做房产生意呢？

很快，这个人把那块墓地卖掉了，又买了几块他认为有升值空间的土地，就这样短短几年，他成为了全城最大的房地产商。

人生没有永远的失败者，有的只是那些被失败彻底击垮的人。其实，失败并不可怕，可怕的是你在失败面前不敢再迈出一步。对于一个失败的人来说，当你勇敢地站起来的时候，你已经扬起了成功的风帆，是上前一步迎接成功还是惧怕再次失败转身逃离，决定权就在你的手里。

有位哲人说过："失败留给你的一切，一定要细细回味。因为失败一旦过去，成功即可到来！"我们生活在这个世界上，既要有追求成功的力量，也要有面对失败的勇气，不要为了昨天的失败而扼腕叹息，也不要为了明天的未知而忧心恐惧。或许有一天，当你蓦然回首的时候就会发现，成功只不过是一颗伸手可摘的果实。

所以朋友们，只有在失败中扬起成功的风帆，我们才能够超越众人，取得非凡的成就。

把自己的过失当作前进的垫脚石

苏格拉底说过："否认自己的过失一次，就是重犯一次。"人不可能没有过错，不可能每件事都能做到完美无缺，错误过失并不可怕，只要在挫折中能抬起双脚，换个方向继续赶路，这才是关键。如果犯了错误，却死不承认，很可能下一次你会错得更彻底。

心理学家阿德勒很喜欢钓鱼。一次在钓鱼时，他发现了一个非常有趣的现象：鱼儿在咬钩之后，常常会因为刺痛而疯狂地挣扎。鱼儿越是挣扎，鱼钩就扎得越紧，也就越难挣脱。就算侥幸逃脱，那枚鱼钩还是会扎在它的嘴里。阿德勒根据这一现象，提出了一个很相似的心理概念，叫作"吞钩现象"。

过失和错误谁都难以避免，它就好比人生中的钓钩。当我们不小心咬上的时候，就会深深地刺进心灵，不断地挣扎，却很难摆脱这枚"鱼钩"。而在今后，当遇到同样的过失和错误的时候，心里就会回想起以前的"鱼钩"留下的痕迹，很有可能犯同样的错误。

具有"吞钩现象"的人通常会以错误的方法来处理失误，他们常常会感觉自责或者希望掩盖自己的过失，最后却给自己以及他人造成不可避免的伤害。事实上，我们身边有很多人都曾经有过"吞钩现象"，只是绝大多数人不愿意承认罢了。

记得在一篇《庸医与华佗》的文章里，有一则震撼心灵的故事。

一个行医数十年的妇科名医，他的声誉非常好，但是在一次出诊时却犯了错误，把一个孕妇子宫里的胎儿误认为是肿瘤，并且还要求病人马上动手术，以防扩散。病人家属非常害怕，也十分感激名医提早发现了身上的这枚"炸弹"。手术很快安排就绪了，对这位临床经验丰富的医生而言，只需要切开一个小小的口子，就可以完全取出病人腹中的瘤体，让病人永绝后患。但是事情不像想象的那么简单、顺利。

医生切开了病人的腹部，向子宫深入观察，准备下刀，但是他突然全身一震，豆大的汗珠冒上额头，刀子停在了半空中。

令他难以置信的是，子宫里居然长的不是肿瘤，而是个胎儿。此时的他非常矛盾。如果下刀，硬是把胎儿拿掉，然后再跟病人说，摘除的是肿瘤。这个病人一定会感激得恩同再造，说不定他还能得个"华佗再世"的金匾呢！如何告诉病人，看了几十年的病，他居然看走眼了。

几秒钟的挣扎，已经使这个医生浑身湿透。他小心地缝合之后，回到办公室，静待病人的苏醒。

医生再次走到病人床前时，他严肃的神情，让病人和她的亲属都手脚冰冷，等待着癌症末期的宣判。

"对不起！太太，你只是怀孕了，并没有长瘤，我居然看错了。"医生深深地致歉，"所幸及时发现，胎儿安好，一定能生下个可爱的小宝宝！"

在场的所有人都呆住了，隔了十几秒钟，病人的丈夫突然冲过去，抓住这位医生的领子，吼道："你这个庸医，我找你算账！"

后来，孩子果然安然降临，而且发育非常正常。

但是这位医生却被告得差点破产，并且名誉扫地。

有朋友笑他，为什么不将错就错？就算说那是个畸形的死胎，又有谁能够知道？"老天知道！"医生淡淡一笑。

这位医生的诚恳和勇气令人敬佩，当自己的名誉与自己的良心发生冲突时，他毫不犹豫地选择后者。尽管这样可能会让他从万人景仰的圣殿，跌入被众人唾弃甚至被法律制裁的毁灭深渊，可是他还是毅然决然地坚持了自己的选择，这种勇气难道不应该受到我们的景仰吗？为了自己的身家名誉而去拼命的人，其实算不上大勇，而不顾自己的身家名誉去维护真理的人，才能被称为真正的勇者。也只有那些坚持真理、不背弃自己良心的人，才能拥有一颗纯洁无暇的心以及自在坦荡的人生。

做错事并不可耻，可耻的是明明做错了却否认或掩盖自己过失的人。只要是人，就会做错事，假如我们犯下过错而不知道自省，反而会让自己的错误重复上演，那么我们的生命将在无尽的自责与罪恶中度过，自己也将失去前进的动力。

平时喜欢看名人传记的人会发现，所有伟大的人都必然经历过无数的挫败、失误和伤痛，只不过他们不会让自己的生命消逝在过失中，而是将它们当作前进路上的垫脚石，让自己的脚步更加坚定有力。